平凡社新書
1009

お酒はこれからどうなるか

新規参入者の挑戦から消費の多様化まで

都留 康
TSURU TSUYOSHI

HEIBONSHA

お酒はこれからどうなるか●目次

はじめに

人はなぜお酒を飲むのだろうか。仲間とのコミュニケーションの手段と考える人もいれば、ストレスの発散、お祝い事、さらには、こだわりの銘酒をじっくりと楽しみたい人もいるだろう。

では、人はどこでお酒を飲むのだろうか。自宅で晩酌する人もいれば、居酒屋やバーなど外で飲むのが好きな人もいるだろう。

近年、日本のお酒を取り巻く生産の現場では、新規参入者による新たな挑戦がはじまっている。また消費の場でも、新型コロナウイルスの感染拡大の影響による居酒屋の淘汰や、それによる家飲み需要の高まり、ノンアルコール飲料を含む酒類の選択肢が広がりをみせている。しかし、その動きは意外と知られていないのではないか。

本書では、その動きに光を当てたいと思う。以下、本文の内容を簡潔に示す。生産については、新たな挑戦が生まれている日本酒、日本ワイン、梅酒、クラフトジンの現場を、消費については家飲み、居酒屋、醸造所・蒸留所が併設された飲食店に焦点を当てる。そして、最後にノンアルコール市場の拡大の意味を考えてみたい。

まず、日本酒を取り上げる。日本酒は伝統ある「國酒」であり、近年では輸出も急増している（国税庁課税部酒税課・輸出促進室 2022）。

その一方で、酒類の中では最も厳しい参入規制（新規製造免許の不発行）があり、国内消費も事業者数も減少の一途をたどっている。通常の衰退産業なら、ここに新規参入する企業はいないはずである。しかし、日本酒の場合、その参入規制を何とか乗り越えて新規参入する企業もわずかながら存在する。その参入の理由を探り、規制緩和に向けた政策提言を行う。

日本ワイン（国産ブドウのみを原料とし国内で製造された果実酒）の消費量は、国内ワインの市場全体ではまだ5パーセント程度であるが着実に伸びている。日本酒とは異なり新規参入が容易で、実際、国内のワイナリーの数は急増している。また、甲州など日本固有のブドウ品種だけではなく、メルローやカベルネ・ソーヴィニヨンなどの欧州品種のブドウを使う、国内でのワイン造りも行われている。これは日本産ウイスキーと似た動きであり注目に値するだろう。

梅酒は、日本の代表的なリキュールである。元来は家庭でつくられるもので商品として販売はされていなかったが、１９７０年代に核家族化の進行に伴って市場化された。そして近年、輸出も盛んになる。存在しなかった市場から、市場を生み出し拡大するまでの進化のプロセスを解明する。

ジンは、日本でも長い製造の歴史はあるが、クラフトジンが現れたのは最近のことである。世界のクラフトジン市場の中で、いかに欧米とは異なる日本的な素材や製法を工夫するかが勝負であり、今、日本のクラフトジンは躍進を遂げている。国内消費も輸出も急速に伸びている。この要因を探る。

次に、消費の動向を眺めたい。

家飲み（宅飲み）は、新型コロナウイルスの感染拡大に伴って流行語となった。だが、コロナ禍以前から、自宅で特別な理由もなく、ほぼ毎日のようにお酒を飲む習慣があるのは、実は、世界の中でも日本くらいである。ではなぜ、この習慣が日本で定着したのか、さらにそれは酒類メーカーの行動にいかなる影響を与えたのかを考える。

家飲みと同様に、世界的にみて珍しいのが日本の居酒屋である。海外では飲む場所（パブやバル）と食べる場所（レストラン）とは明確に区別されている。しかし、日本の居酒屋では、それが誕生した江戸時代以降、飲食が渾然一体である。

さらに第2次世界大戦後の居酒屋チェーンの発展とともに、お酒も料理も、和洋ともに提供されるようになった。だが、2000年代に入ると居酒屋チェーンは行き詰まりをみせはじめ、その打開策として、お酒も料理もその範囲を狭くした専門店化の動きが現れた。専門店化は本当の打開策なのかを考える。

消費の新たな動向として、醸造所・蒸溜所が併設された飲食店が注目される。その場で醸（かも）されたお酒を、その場で調理した料理とともに楽しむという「地産地消」型の飲食店である。最も多いのはクラフトビールであるが、最近では、日本酒やウイスキーなどの製造施設を併設した飲食店も現れている。これは従来の居酒屋と差別化する動きであり、その意義はとても大きい。

ノンアルコール飲料の現場では、ノンアルコールビールや微アルコールビールが登場してきている。このこと自体は選択肢の拡大として歓迎すべきことだが、そもそもお酒を飲まない人が増えれば、緑茶やウーロン茶を飲めば済むことであり、お酒の代用品としてのノンアルコール飲料の拡大には限界がある。このため、料理とのペアリングを考えたノンアルコール飲料の製品開発が求められている。

お酒といえば、ビールや焼酎を思い浮かべる人もいると思うが、本書では触れなかった。

ビール業界では、2020年10月に実施されたビールの減税と新ジャンル（第3

のビール）の増税前の２０１０～19年の平均で、①ビール（構成比約50パーセント）、②新ジャンル（約36パーセント）、③発泡酒（約14パーセント）という状況であった（醸造産業新聞社 2022）。また、アサヒとキリンが熾烈なシェア争いを繰り広げてきた。これが大きな構図である。

ビール業界では、増減税や新型コロナ禍の影響で構図に一部変動はあったものの、この構図を書き換えるほどの大きな変化はなかったといえる。

焼酎業界では、過去３回のブームがあった。第３次ブームは芋焼酎がメインで、霧島酒造株式会社（宮崎県）が２０１２年以降、麦焼酎の三和酒類株式会社（大分県）を抜いて首位の座を占め続けている。この構図にも大きな変化はない。

なお、ビールと焼酎における新たな挑戦を知りたい方は、拙著『お酒の経済学』（中公新書、２０２０年）を参照されたい。

筆者が、本書を執筆するにあたってこだわったのは、次の２つの方法である。

ひとつは徹底した現場主義である。取り上げたすべての事例について、現地に赴き聞き取り調査を実施した。もちろん、取材記事や統計資料も併用したが、まずは生の情報を重視した。事例の紹介と分析に多くのページが割かれているのは、このためである。

もうひとつは、経済学や経営学の観点からの結果の解釈である。これは筆者の専門性のゆえであるが、歴史学や醸造学の視点からの類書が多い中で、本書の特色となっていよう。

第1章　日本酒

続く新規参入者の挑戦

日本酒の起源については諸説ある。だが、現在の酒造法の端緒（事のはじまり）と思われるお酒のルーツは、奈良県の大神神社の御神酒といわれる。

２０１９年には、京都市右京区の嵯峨遺跡から14世紀中期（南北朝時代）の天龍寺で僧坊酒に関係する遺構が発掘されて話題になった（産経新聞 https://www.sankei.com/article/20191121-ICAA5QG3HVOWLBOW56BB6MXMFM/ ２０２１年11月14日閲覧）。寺院が造る僧坊酒の歴史は、この遺構よりも古く、平安時代にまでさかのぼることができる。それ以前の酒造りは、「神の酒」として朝廷の仕事だったといえよう。

一方で、奈良時代から平安時代にかけて、商売としての酒造りがはじまったとされる。茨城県の銘酒「郷の譽」で知られる須藤本家は、１１４１年（平安時代）に創業し現在まで続いている。江戸中期までに創業した蔵元も２７３社にのぼる（喜多 2015）。

江戸時代以前の日本酒の味や風味は、現在のそれとは似ても似つかないものだった。今風にいえば、みりんのような味だったという（小泉 2021）。現在の日本酒の味に近づいたのは、江戸時代のことであった。

日本酒の製法

江戸時代における最大のイノベーションは、「生酛造り」の開発である。生酛造りとは、自然に存在する乳酸菌の増殖により酸性環境をつくり出す技術のことである。

図表1でいえば、酒母を造るにあたり、酵母が増殖するまでの期間に雑菌汚染を防ぐことが重要になる。これを可能にしたのが生酛造りだった。自然に存在する乳酸菌を取り込むと、乳酸菌がベールのように雑菌を防いでくれるのだ。

しかし、生酛造りは、原料を仕込む時に、蒸米、麴、酵母、水を浅い桶に入れて櫂棒ですりつぶす作業（山卸）が必要で、これは厳寒期の深夜に行われた。この作業は重労働で、しかも発酵の不安定性を伴った。

そこで、明治時代の末期（1900年頃）に「速醸法」が開発される。これは乳酸菌を直接投入することにより、気温の高低の影響を受けにくく、しかも短時間で

図表1　日本酒の製造工程

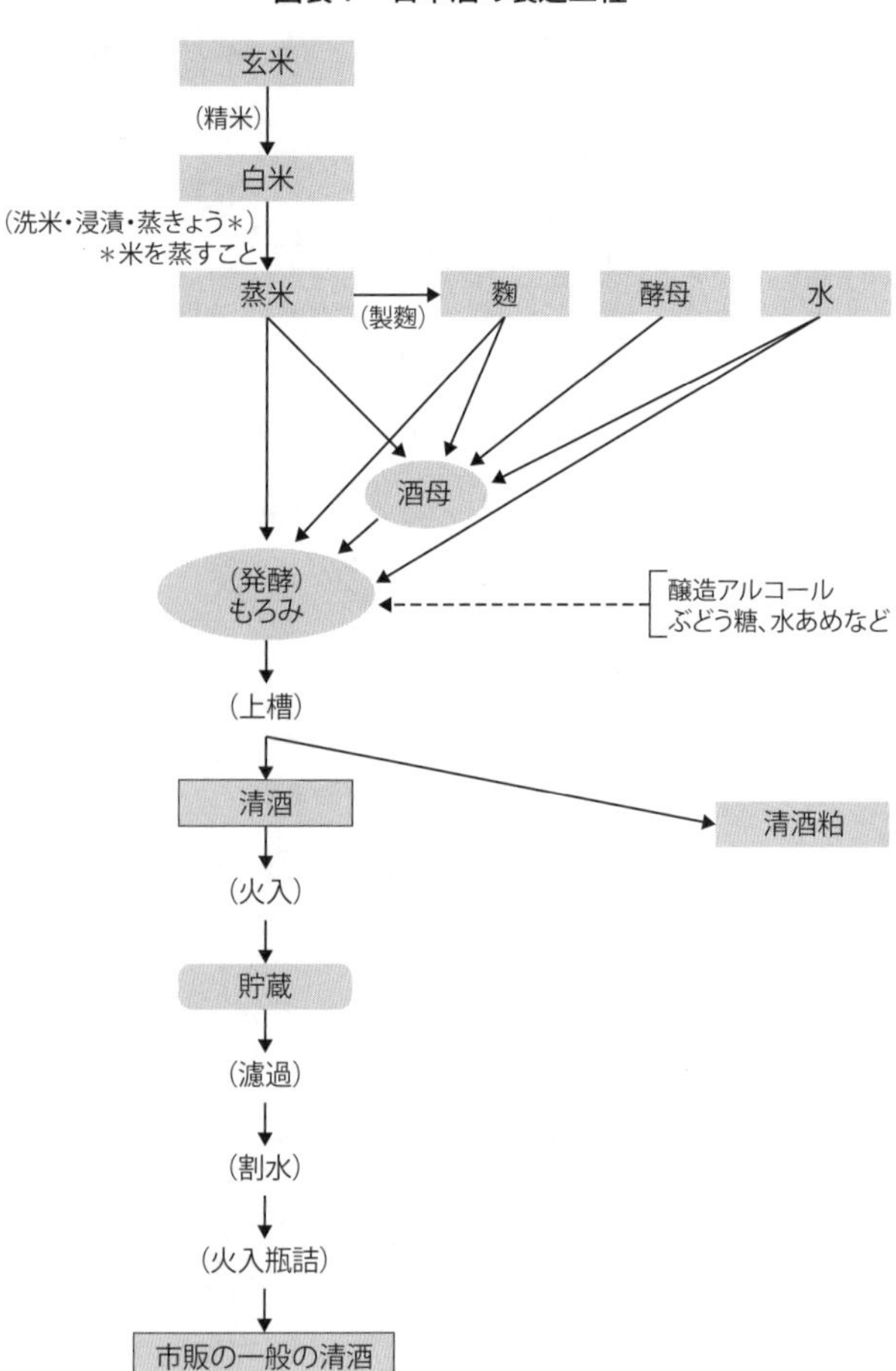

［出所］国税庁課税部酒税課・輸出促進室『酒のしおり』2022年，一部筆者修正

仕上げる方法のことである。典型的な醸造プロセスの合理化であった。

速醸法により、山卸という重労働から蔵人を解放し、発酵の不安定性も低減させることができるようになったのだ。現在の日本酒の大半は、この速醸法で醸されている（吉田 2013）。

製品差別化の2方向

日本酒に精通した方には懐かしい言葉だと思うが、１９９２年より前には、「特級」「１級」「２級」という格付けがあった。ボーナスの出た日の夕食には、「今日は特級酒にしようか」などの会話が交わされていたことであろう。

「特級」などの区別は、国税局に置かれた地方酒類審議会の審査による級別制度（１９４３年〜）に基づく。酒の品質によって「特級」「１級」「２級」に分類され、異なる税率が適用された（国税庁 2000）。しかし、１９７０年代から徐々に純米酒や吟醸酒、さらには審査をあえて受けない「無鑑査」を名乗るお酒が現れて、級別制度の意味が薄れていく。そこで、国は級別制度を１９９２年に廃止して、製品における品質表示の基準を精米歩合（玄米を精米して残った米の割合）に変更した。精米歩合に応じて、「大吟醸酒」（50パーセント以下）、「吟醸酒」（60パーセント以下）などの区別がなされた。また、醸造アルコール（サトウキビなどを原料とする蒸留酒）を添加するか否かで「純米酒」か否かも規定された。これが級別制度に代わる特定名称酒制度である。

さまざまな純米大吟醸酒などが現れ、この方向を徹底的に追求したのが山口県岩国市にある旭酒造株式会社の「獺祭（だっさい）」である。

多くの蔵元が、普通酒から純米大吟醸酒までを手がけるのに対して、旭酒造は純米大吟醸酒だけに特化して「磨き二割三分」という製品にたどり着いた。しかも、空調設備を完備した大規模工場で、杜氏（とうじ）の「勘とコツ」ではなく数値管理によって造っている。

これは経済学の用語で「垂直的製品差別化」という。精米歩合を日本酒の「機能」に見立てると、その最高水準である「大吟醸酒」だけに特化した差別化だからである。しかも、旭酒造は大量生産を行っているから、「規模の経済」（生産量の増大に伴い平均費用が低下すること）も享受できる。旭酒造の２０１８年の売上高は１３８億円であり、これは灘・伏見の大手ナショナルブランド企業の日本酒の販売額と肩を並べるほどの金額である。

これに対する差別化戦略のもうひとつの方向は、秋田市の新政（あらまさ）酒造株式会社に代表される、造りの「原点回帰」である。先に述べたように、日本酒の大半は乳酸菌を人為的に投入する速醸法で醸されている。また、麹の酵素力の補強などのために酵素剤（工業用、医薬用に使用される製剤）も投入されることが多い。

こうした日本酒造りの「進歩」を否定して、完全無添加の生酛造りや木桶の使用など、江戸時代の造りに戻ろうとするのが「原点回帰」である。醸造工程からの工業的要素の排除ともいえる。

これを経済学の用語で「水平的製品差別化」という。精米歩合という目に見える「機能」ではなく、造り方のこだわりに「意味的価値」（価格が同じでも消費者が造り手の哲学やメッセージを選好すること）を感じ取る差別化だからである（都留 2020、佐藤 2021）。

筆者の考えでは、近年の日本酒によるイノベーションは、旭酒造的な方向と新政酒造的な方向を両極として、その両極の間に位置してきた。しかし、近年それらとは方向を異にする造り手たちが現れてきた。それらの事例をみる前に、法と規制を確認しておく。

酒税法運用による参入規制と規制緩和の試み

近年の日本酒によるイノベーションと製品の差別化はめざましい。当然、日本酒を造りたいと思う人たちが数多く出てきても不思議ではない。ところが、日本酒を造りたいと思っても、日本酒の世界に新規参入することは事実上不可能なのである。これは、酒税法第10条第11号の「需給調整要件」のゆえである。

条文を書き出そう。

第10条「酒類の製造免許、酒母若しくはもろみの製造免許又は酒類の販売免許の申請があった場合において、次の各号のいずれかに該当するときは、税務署長は、酒類の製造免許、酒母若しくはもろみの製造免許又は酒類の販売免許を与えないことができる」。

ポイントは、酒類製造免許の付与は政策当局が判断するということにある。その判断の基準が第11号に書かれている。第11号「酒税の保全上酒類の需給の均衡を維持する必要があるため酒類の製造免許又は酒類の販売業免許を与えることが適当でないと認められる場合」。

つまり、判断基準は「需給均衡の維持」である。

この2つの規定を根拠に、政策当局は、戦後一度も新規の清酒製造免許を認可してこなかった。

実際、**図表2**にみるように、戦後の高度成長期を迎えた頃に日本酒の需要が伸びたときには、米が酒造りに回ってしまい、「米不足」に陥らないように酒の生産調整が行われた。すなわち、供給を抑えるために新規免許は発行されなかった。他方、1973年以降、日本酒の需要が減りはじめてからは、酒の供給過剰が進まないことに意が払われた。つまり、既存業者の保護という観点から、新規免許は発行されてこなかったのだ。

図表2　日本酒の課税移出数量と製造場数

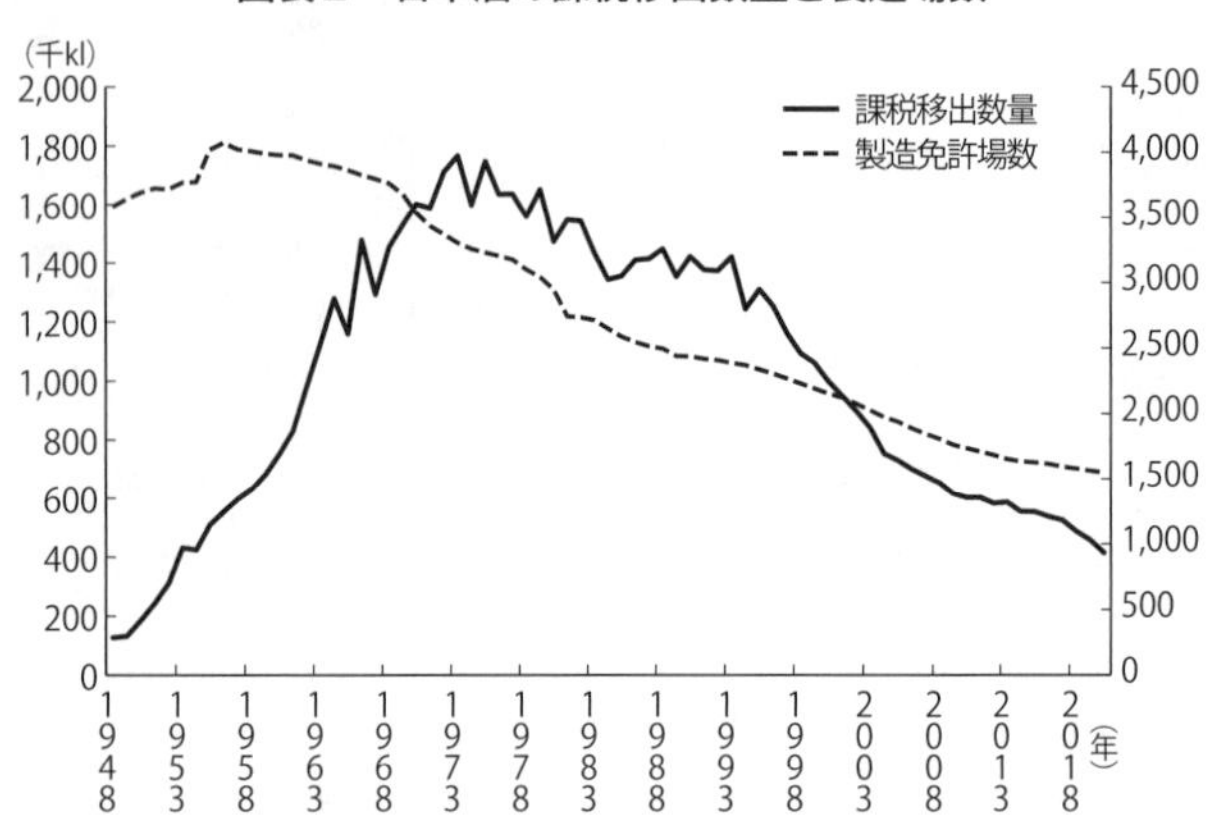

［出所］国税庁課税部酒税課・輸出促進室『酒のしおり』，『国税庁統計年報』各年

しかし、同じ酒税法の適用対象であるビールについては、事情は全く異なる。1993年、政府の「緊急経済対策」における「規制緩和の推進」に基づき、1994年に酒税法が改正された。ビールの年間最低製造数量が、それまでの2000キロリットルから60キロリットルに引き下げられたのである。

この規制緩和の結果、**図表3**が示すように、小規模事業者の参入が相次いだ。いわゆる「地ビール」ブームの到来である。しかし、「地ビール」の質は玉石混交であったため、消費者の間に混乱が生じてブームは去ってしまった。その中で

図表3　ビールと発泡酒の課税移出数量と製造場数

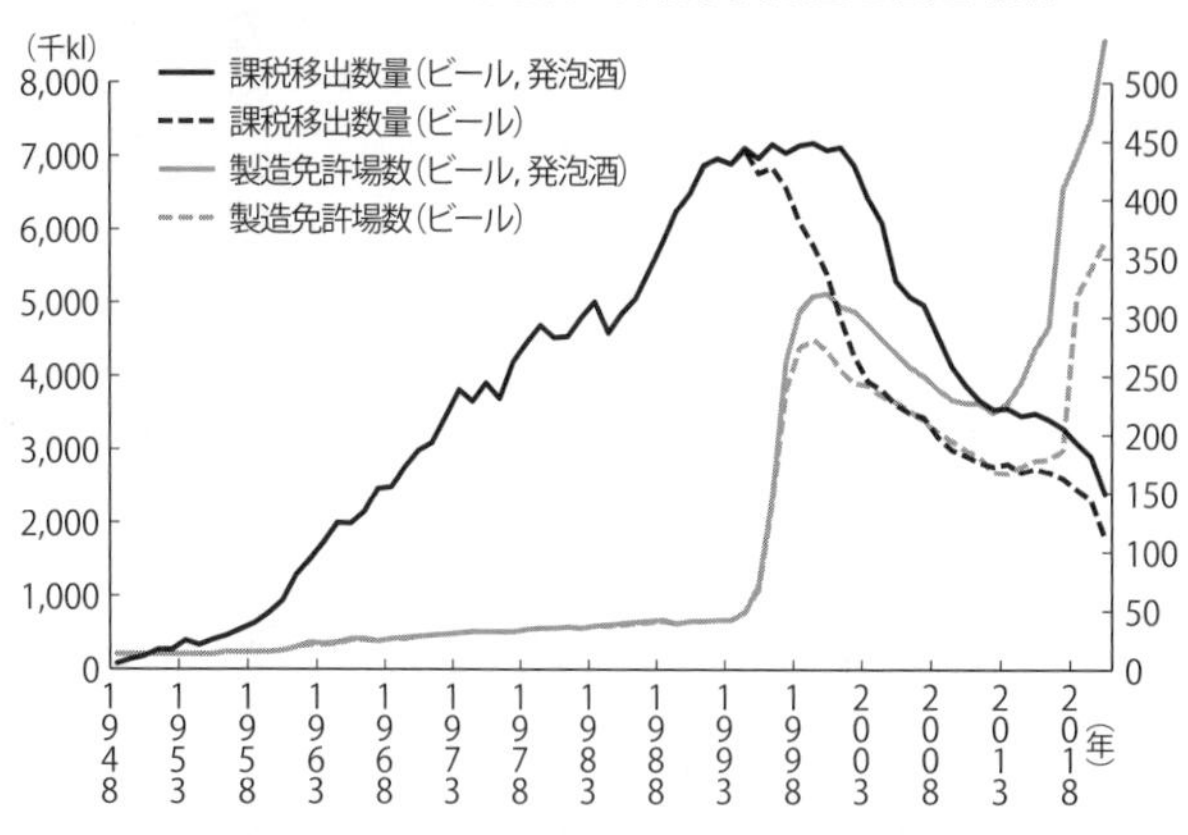

［出所］国税庁課税部酒税課・輸出促進室『酒のしおり』，『国税庁統計年報』各年

生き残った高品質のビールが今日のクラフトビールの礎となっている。

近年、政策当局は、日本酒に関しても緩やかに規制緩和の方向に舵を切ってきた。

第1に、「輸出用清酒酒造免許」を2020年度の税制改正により新設した。これにより、日本酒の最低製造要件（60キロリットル）を適用しないこととした。この目的は「高付加価値商品を少量から製造できる製造場を新たに設置することを可能」にして、「「日本酒」ブランド価値の確保・向上を図る」ことにある。

第2に、試験製造免許の運用を弾力化

した。従来は研究機関などにのみ認めていたものだが、これを小売業などに広げた。

以下では、参入規制を何とか突破しようと奮闘する起業家たちの事例を紹介する。

製造免許の移転と産学官連携による地域再生　上川大雪酒造株式会社

全国で日本酒の蔵元が減少している中で、唯一、増加に転じた地域がある。北海道だ。２０１６年に11事業者まで減少したが、２０２１年には14事業者16場（上川大雪酒造が上川町・帯広市・函館市に３場開設）に増加している。

このきっかけをつくったのが、２０１７年に設立された上川大雪酒造株式会社である。

社長である塚原敏夫の大学卒業後のキャリアは、大手証券会社、消費財の通販会社、ヘッドハンティング企業、などである。20歳代の頃に証券会社の三重県四日市支店に勤務。四日市での日本酒蔵元の子息との出会いが、その後の塚原の運命に大きな影響を及ぼすことになる。

東京のヘッドハンティング会社を辞した後、塚原は脱サラして、フレンチのカリスマとして名高い北海道出身の三國清三(きよみ)と、2013年に「大雪森のガーデン」のレストランを北海道のほぼ中央に位置する上川町に開設した。その後、三重県の蔵元の子息との再会があった。これを機に、上川町に酒蔵を立ち上げるという話が急速に進んだという。

しかし、ネックとなったのは清酒製造免許だった。すでに述べたように新規免許は全く出ない。そこで塚原は、三重県の製造免許を北海道に移転するという奇策に打って出た。

これには前例がほとんどなかったがゆえに、困難の連続だったという。だが塚原は、粘り強く税務署に通い詰め、2017年、ついに製造免許の移転に成功する。上川大雪酒造（緑丘蔵(りょっきゅうぐら)）の誕生である。ちなみに、「緑丘」とは塚原の母校・小樽商科大学の同窓会組織の名称である。

塚原の構想はきわめて簡明である。それは、市場で評価される日本酒を造ることを当然の前提として、その酒を核として産学官協働による地方再生を行うことにある。

筆者の見方では、塚原にとって酒は、手段のひとつであって究極の目標ではない。最終目標は、産学官連携による蔵の新設と、それを梃子とした地域再生である。もっといえば、人口減少地域の経済的な自立である。

発売当初から「上川大雪」の評価は高く、2019年に札幌国税局新酒鑑評会で金賞、Kura Master 2019（フランス）でプラチナ賞を受賞している。

注目すべきは、販売ルートの限定である。生産量の3分の1が地元での限定販売、3分の1が自社サイトでのオンライン販売、そして残りの3分の1が特約店での販売である。地元での限定販売のために、地元の酒屋やコンビニだけで扱う「神川」というブランドを設けている。これは上川町に行かなければ買うことができない。これを購入するために道内や道外からもお客が来る。

これには2つの意味がある。

ひとつは上川町の集客効果の向上である。人口およそ3300人しか住んでいない上川町のコンビニで、上川大雪酒造のお酒「神川」は月平均で約1000本売れるという。もうひとつは、「地元では買えず東京でしか買えない」状況の回避である。多くの有名な地方蔵元の有名な銘柄が、この状況にある。これに塚原は批判的だ。「地元密着」もキーワードである。

その後の塚原の展開は矢継ぎ早だった。まず2番目の蔵を帯広畜産大学の構内に建てた。2020年5月開設の碧雲蔵（へきうんぐら）である。ユニークなところは、上川大雪酒造の杜氏をまとめる立場にあった総杜氏の川端慎治が客員教授になり、酒造りと教育・研究との両立を図っていることにある。ちなみに、「碧雲」とは帯広畜産大学の学生寮の名称である。

川端は講義を担当し、醸造学を専攻する博士課程の大学院生（社員）の実践的な指導を行っている。筆者が訪問したときは、学部生も数多く蔵で実習していた。川端の酒造りの哲学は、「基本に忠実に、美味しくて、たくさん飲める」である。その言葉のとおり、「上川大雪」「神川」（緑丘蔵）も「十勝」（碧雲蔵）も、奇をてらうことのない飲み飽きしない酒質である。

さらに塚原は、3番目の蔵（函館五稜乃蔵）を2021年に函館に開いた。これは、函館工業高等専門学校との協働である。酒蔵内には「函館高専ラボ」も設けられ、発酵研究と連動した酒造りが行われている。

今後、塚原は、オホーツク地域にも蔵を開設できないか検討している。詳細はこれからになるが、北見工業大学などとの連携は有力な選択肢であろう。

また、余市町や小樽商科大学と連携協定を結び、余市でブランデー造りにも乗り出す。その先に、塚原はどのような構想を抱いているのだろうか。筆者には、その構想はかなり大きなものに思われた。

なお、上川大雪酒造の設立後、道外から北海道へ蔵の移転がみられるようになった。岐阜県中津川市から北海道東川町へ移転した三千櫻酒造株式会社（２０２０年）、岡山県の休眠蔵の清酒製造免許を移転して、北海道亀田郡七飯町（ななえちょう）に新たな酒蔵を設立した函館醸造有限会社（２０２１年）である。こうした動きは今後も続くと思われる（２０２１年4月14、15日調査実施）。

海外での新規参入　株式会社WAKAZE

世界に Sake を届けたい。新規清酒製造免許が国内で下りないのなら、現地で清酒（Sake）を造ればいい。

この考え方を実践したのが、株式会社WAKAZEである。外資系コンサルティング会社を退社して、稲川琢磨（たくま）がWAKAZEを起業したのは、2016年1月のことである。そのビジョンは「日本酒を世界酒に」である。

WAKAZEは、2019年11月にパリ市内にSake醸造所「クラ・グラン・パリ」をオープンした。ここに至る経緯を記す。

稲川は、慶應義塾大学理工学部在学中にフランス政府給費生として、理工系のグランゼコール（エリート職業人養成のための国立高等教育機関）のひとつである「エコール・サントラル・パリ」に留学した。この学校では、単に技術者の養成だけではなく、経営学やファイナンスなど経営管理に必要な知識を全般的に学ぶことができる。ここで稲川の関心は、日本で学んでいた流体力学からビジネスにシフトしていく。

帰国後、稲川は外資系コンサルティング会社に就職。しかし、日本酒の魅力に取りつかれ、2015年に退職してWAKAZEを起業したのであった。

起業後の酒造りの方法は次の2つとなる。ひとつは新規の清酒製造免許が下りないため、委託生産で日本酒を造る。もうひとつは、三軒茶屋での「その他の醸造酒」免許による、どぶろくなどの製造である。なお、酒税法における「その他の醸造酒」の定義は、「穀類、糖類を原料として発酵されたもの（アルコール度数が20度未満でエキス分が2度以上）」である。

委託醸造は渡會本店（山形県）、木戸泉酒造（千葉県）、オードヴィ庄内（山形県）で行っている。まず、渡會本店は貴醸酒（仕込みに水ではなく酒を使う贅沢な酒）の技術に優れており、木戸泉は古酒（長期熟成酒）造りのパイオニアである。この2社にワイン樽で熟成する日本酒「ORBIA（オルビア）」を委託醸造している。他方、日本酒の発酵段階でゆずや山椒など、和のボタニカル素材を投入するボタニカルSake「FONIA（フォニア）」を委託醸造するのはオードヴィ庄内である。

この日本国内における展開を踏まえて、WAKAZEは2019年、パリでSake醸造を開始した。

なぜパリなのか。理由は、食の都として世界的に有名で、ワインをはじめとする酒文化の中心でもあるからである。また、Sake の原料である米（ジャポニカ米系のカマルグ産米）もフランス国内で作られているので容易に調達できる利点もある。

現地醸造第1号となる「C'est la vie（セラヴィ）」は、いきなりKura Master 2020の純米酒部門でプラチナ賞を受賞し、IWC（インターナショナル・ワイン・チャレンジ）のSAKE部門でシルバーメダルを獲得した。

醸造の2期目でも引き続き、ブルゴーニュの白ワイン用酵母を使い、冷却設備や精米改善を行い、よりクリアな酒質を実現したSake「THE CLASSIC」をリリースした。折からの新型コロナウイルス感染拡大と、パリの都市封鎖の打撃は大きかったが、オンライン販売を強化して危機を何とか乗り切った。また大手ワインショップチェーンのNICOLAS（ニコラ）での製品の取り扱いが、2021年6月からはじまった。ニコラでの販売は強力な追い風である。

WAKAZEの次なる目標は米国での現地醸造にある。この準備の一環と思われるが、2021年にはパリ醸造所の設備増強、欧州全土への販売拡大、米国でのブランド認知度向上のために、3億3000万円の資金調達を行っている。

「日本酒を世界酒に」という稲川のビジョンは、一歩ずつ確実に実現の方向に向かっている（２０２０年12月21日調査実施）。

「その他の醸造酒」での新規参入 haccoba-Craft Sake Brewery

東日本大震災と福島第１原子力発電所での爆発事故による影響で、最後まで不通区間となっていたＪＲ常磐線の富岡～浪江間の運転が、２０２０年３月14日に再開された。

筆者は、その約１年後、常磐線で南相馬市小高区にある株式会社 haccoba を訪問した。小高駅に近づくにつれて、２０１１年３月11日以降、たびたび耳にすることになったＪヴィレッジ、双葉、浪江駅を列車は通過した。一駅ごとに、原発事故以降に、この地の人々が経験した未曾有の辛苦を思うと胸が詰まった。南相馬市小高区は福島第１原子力発電所から半径20キロ圏内にあり、帰還困難区域に指定されて、一時は人口がゼロになった町である。

その南相馬市で佐藤太亮（たいすけ）が haccoba を起業したのは、２０２０年２月のことである。

haccobaの開設に至る佐藤の経歴をたどろう。佐藤は２０１５年に慶應義塾大学経済学部を卒業している。卒業後、インターネット関連の企業２社を経た後、佐藤は、かねてからの希望であった酒蔵立ち上げの準備に入った。２０１９年に修業の場として選んだのが阿部酒造（新潟県）である。阿部酒造は、現在６代目の阿部裕太製造責任者によって営まれている。

阿部酒造の日本酒造りの基本理念は、次の４つである。①食事の最初から最後まで、食前、食中、食後それぞれのタイミングで飲むことができるお酒を造る。②常に発酵を楽しむ。③美味しいに満足せず、突き抜けた圧倒的な旨さを目指す。④日本酒業界は斜陽産業であり、変わらなければ沈む。だから常に挑戦する（同社ウェブサイト https://www.abeshuzo.com/posts/philosophy ２０２１年11月４日閲覧）。

佐藤は、この理念に共鳴し、２０１９年６月から１年間、阿部酒造で酒造りの全工程を学んだ。なお、阿部酒造で学んだ造り手としては、佐藤のほかに、ＷＡＫＡＺＥ「クラ・グラン・パリ」の杜氏・今井翔也、福岡市のクラフトSake醸造所L

IBROMの醸造責任者・穴見峻平がいる。このような顔ぶれが集ったのは、阿部の明確な理念やオープンな人柄とけっして無関係ではないだろう。

佐藤のSake造りの発想はとても自由である。代表的な製品である「はなうたホップス」の製法を示すと、**図表4**のようになる。発酵までは日本酒の製法と全く同じで、異なるのは、副原料にホップを用いていることにある。なお、清酒製造免許が下りないため「その他の醸造酒」で製造免許を取得した(2021年2月)。

これは、東北地方に伝わるどぶろくの花酛(はなもと)という製法を継承するものである。ただし、ホップを投入するタイミングは、ビールと同様に2回ある。1回目は、花酛の造りと同じでホップの煮汁を投入する(苦み付け)。2回目は、ホップを発酵後期に投入する(香り付け)。この結果、日本酒のような甘みと酸味、ビールのような苦みの融合した独特のお酒ができる。

このようなSake造りにより、佐藤は何を目指すのだろうか。

第1に、人口がゼロになった地域を、酒蔵を拠点にして再生することである。地域の人が集い、地域外の人が来訪する。事実、避難していた住民に加えて、小高区

図表４　「その他の醸造酒」（はなうたホップス）の製造工程

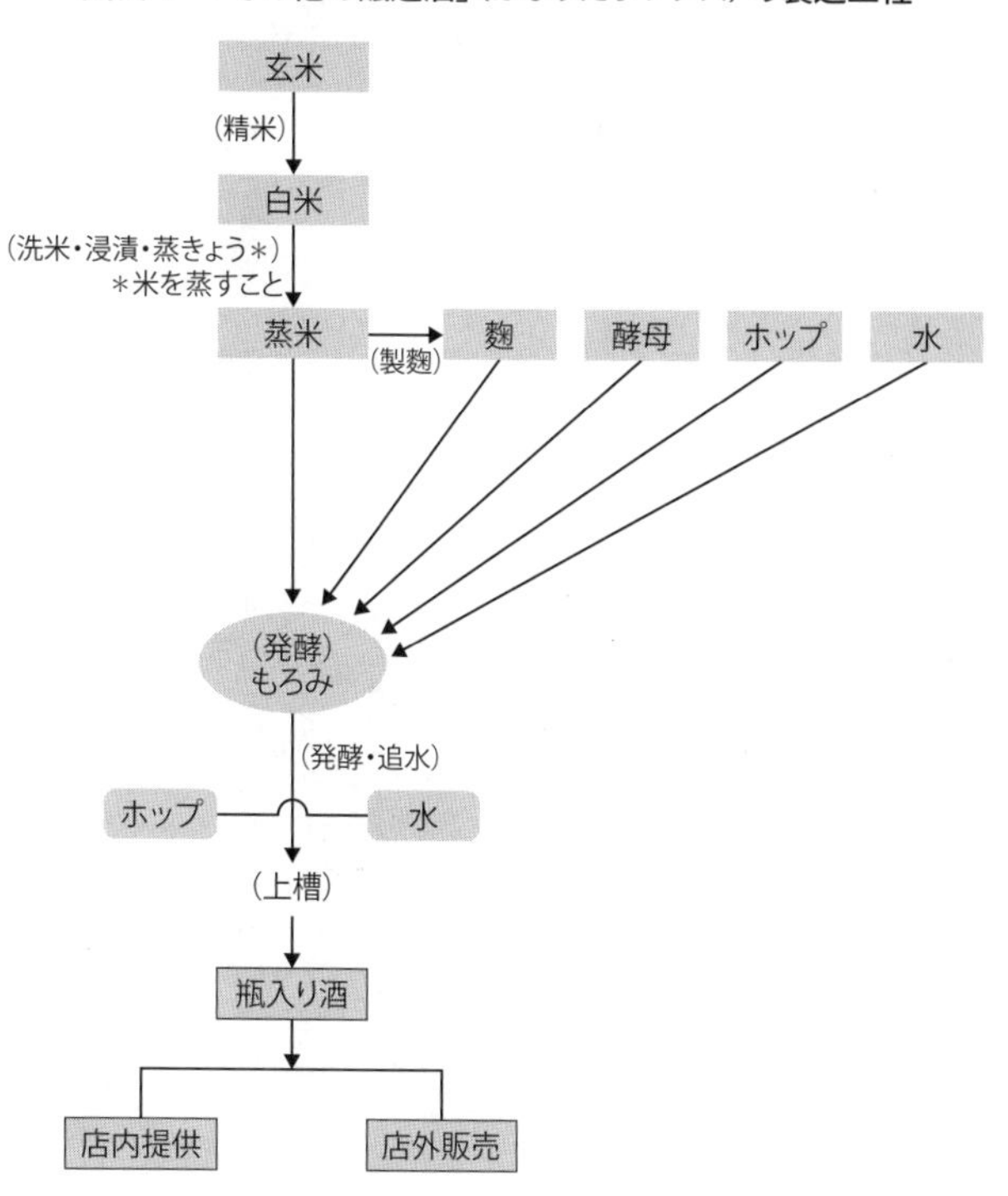

［出所］株式会社 haccoba 提供資料

には著名な小説家やアーティストなどが移住し、2021年9月現在の居住人口は、4707人にまで回復した。また、haccobaは、パブを併設しており、ここが集いの場にもなっている。

第2に、試験製造免許で日本酒も造る意図はあるが、既存の日本酒とは異なる、日本酒の新しいあり方を模索中である。具体案はまだだが、「日本の発酵文化の源泉にあるような酒造り」を目指したいと佐藤は述べる。

第3に、海外をも含めたhaccobaの展開である。その場合でも、地域文化に根ざした、しかし既存のビールともワインとも異なる自由なSakeを醸す、という大きな構想を佐藤は抱いている（2021年2月17日調査実施）。

清酒製造免許の規制緩和にこだわる 稲とアガベ株式会社

2021年11月3日、秋田県男鹿市で、稲とアガベ（テキーラの原料であるリュウゼツランから命名）醸造所と併設レストラン「土と風」が賑々（にぎにぎ）しくプレオープンした。代表者の岡住修兵が2018年に、3年かけて自分の醸造所を建てようと決めてから、予定どおりの開設となった。

岡住は、２０１４年に神戸大学経営学部を卒業。専攻はアントレプレナーシップ（起業家精神）とベンチャーファイナンスである。

経営学を学んだ多くの同級生が、大手企業への就職や大学院への進学の道を選び、また海外へと留学する中、岡住は「日本酒を造る」という道を選ぶ。偶然の機会に導かれて、秋田の新政酒造でのアルバイトからキャリアをはじめた。

新政酒造での４年半で、岡住は多くのことを学んだ。洗米、蒸し、麴、仕込み、酒母、搾り、と酒造りの全工程を修業し、最後は麴の責任者になった。醸造に関しては、その頃に杜氏をしていた古関弘（ひろむ）に現場のマネジメント方法を含めて多くを学んだ。また、社長の佐藤祐輔には、江戸時代からの時間軸の中で日本酒はどうあるべきかを突き詰めて考えることを教えられたという。

さらに、同期に、ＷＡＫＡＺＥに行った今井翔也がいたことも大きい。先に述べたように、今井は現在、「クラ・グラン・パリ」の杜氏である。「日本酒を世界酒に」という話を早い段階で知り、彼らが世界で闘うのなら、自分は国内の現状を変えたいと決めたという。具体的には、新規の清酒製造免許が下りない現状を変える、という決意である。

秋田で自分の醸造所を開きたいと思ったときに、岡住は「米を酒にしているけれど、自分は米のことを何も知らない」と気づいたという。新政酒造を退社して、秋田県大潟村で米作りを一から学ぶ。特に、長らく米の自然栽培に取り組んできた石山農産から学んだものは大きかった。なお、自然栽培とは農薬も肥料をも与えない米作りである。

稲とアガベ醸造所の米作りと酒造りは、次のように行われている。

まず米作りについては、自社田が6反歩（0・6ヘクタール）で、自社田収量は20俵ほどである。ここでは、「亀の尾」を栽培している。それ以外は、岡住の米作りの方針を完全に理解している農家から130俵ほど（「亀の尾」と「改良信交」）を購入している。そのほかは、大潟村の石山農産から150俵ほど「ササニシキ」を購入している。

このようにして確保された原料米はすべて自然栽培米である。自然栽培米は、割れにくく、雑味が出にくいという意味での酒造好適米である。精米歩合は食用米と同じ90パーセントにして米の旨みを最大限に引き出すようにしている。

そして、酒造りは次の方針で行っている。

事業の根幹は、国内向けの「その他の醸造酒」である。製品としては、どぶろく、副原料としてアガベシロップを少量入れた「稲とアガベ」、同様にホップを入れた「稲とホップ」、麹と水だけで仕込んだ全量米麹の「稲とコウジ」、などがある。

また、岡住は、２０２１年9月に輸出用清酒製造免許も取得したので、海外向けの日本酒も醸造している。主な輸出先は香港である。

醸造の方向性は明確で、その土地の水と菌だけで醸す完全無添加の生酛造りである。ただし、生酛造りは全量ではなく、白麹を使った酒母も一部製造している。

こうした営みの先に、岡住は何を見据えているのだろうか。

第1に、稲とアガベ醸造所にオーベールジュ（地元料理を提供するレストラン付きホテル）を併設する。これにより、日帰り客だけではなく、宿泊客も取り込む。

第2に、日本ワインのアカデミーなどの取り組みを参考に、どぶろく経営塾を開く。どぶろくや日本酒造りの教育を行い、男鹿市に酒蔵の産業集積を促す。

第3に、最も重要な岡住の差別化戦略であるが、あくまでも清酒製造免許の認可を勝ち取ることである。

それゆえ、休眠蔵の買収などは全く念頭に置かない。岡住自身の言葉を借りれば、「僕が望むのは規制緩和です。休眠蔵の買収を考えないのが僕の生き方です」と。ただし、現実主義的アプローチも忘れていない。具体的には、男鹿市で清酒特区の認定を受け、まずはそこから日本酒造りをはじめてみたい、とのことであった（2020年1月8日、2021年6月11日、2022年4月28日調査実施）。

なぜ、参入規制の緩和が必要なのか

以上で紹介したように、若き醸造家たちは高い志をもって日本酒造りを目指している。しかし、日本酒の参入規制は、あたかも岩のように固く、高い壁のように乗り越えがたい。

そもそも、なぜ規制は存在するのか。

経済学の観点から、その存在理由を考えてみよう。規制には「社会的規制」と「経済的規制」とがある。

「社会的規制」とは、人間が社会生活を営む上で必要な「安全」「健康」「環境」にかかわるルールである。製造物責任制度、労働安全衛生法、公害規制などがこれに当たる。この必要性については、おそらく議論の余地はないであろう。

一方、「経済的規制」とは、市場に委ねていては解決できない問題（市場の失敗）に対処することを目的とする。この根拠は3つある。

ひとつは独占の弊害除去である。規模の経済などが働く場合、企業規模が大きくなるほど当該企業が有利になり、最終的には独占に至る。すると企業は独占価格の設定が可能になり、経済的非効率性が生まれる。これを避けるために、すでに大規模投資を行った既存業者を、政府は参入規制によって保護しつつ、価格設定などの規制を行う。電気・ガス・水道や鉄道に対する規制がその典型例である。

2つ目は情報の非対称性の緩和である。たとえ産業が競争的であっても、売り手と買い手との間には、財・サービスの品質などに関して情報の格差がある。この場合、売り手は情報面の優越性を利用して、自己に有利な行動をとることができる。これを避けるために買い手の保護が必要になる。具体例は、銀行や証券などでの商品情報のディスクロージャーなどである。

3つ目は「外部性」への対処である。たとえ産業が競争的で、情報の非対称性が緩和されても、経済取引に伴って、ある経済主体の意思決定が他の経済主体に悪影響を及ぼす（負の外部性が発生する）場合、規制が必要となる。喫緊の具体例は、地球温暖化を防止するための二酸化炭素の排出規制である。

このような経済的規制の根拠は、もっともらしい。だが、その根拠は、経済環境や技術革新の進展によって変わりうるものである。

たとえば、以前は、電気通信事業では、全国規模で通信ケーブルを張り巡らせなければならなかったため、莫大な投資が必要であった。このため参入規制と価格規制が行われていた。しかし、光ファイバーケーブルや小規模ネットワークの発展により、小規模事業者の参入が可能になった。これが電電公社の民営化につながったことは周知の出来事であろう。

だが、経済的規制の最大の問題点は、環境変化や技術革新に対して自律的に対応する内在的メカニズムを欠いていることである。つまり、いったん規制が成立すると、環境変化や技術革新が生じても、規制によって利益を受ける当事者が存在するために、既得権が発生して、規制の変更が（政治的に）著しく困難になるということである（経済企画庁1994年『年次経済報告』https://www5.cao.go.jp/keizaiwp/wp-je94/wp-je94-00303.html 2021年11月16日閲覧）。

日本酒の参入規制

こうした文脈で、日本酒の参入規制の問題を考えてみよう。具体的には、酒税法の「需給調整要件」による参入規制である。これは「経済的規制」の1種である。先にも少し触れたが、それは酒税法の制定時（1953年）には合理性があった。というのも、終戦後の食料不足に対処するため、米が、需要の急拡大する日本酒造りに過度に回らないための生産統制だったからである。

だが、1973年をピークに日本酒の需要が減少しはじめ、米不足から米余りの時代に入ってからの参入規制の継続は、その趣旨を大きく変えた。一言でいえば、既存業者の保護になった。需要が減少している状況で新規参入を認めると、「過当競争」が発生して「共倒れ」になるという主張である。

「過当競争」の判断基準

経済学（産業組織論）の見地からは、この問題は「過剰参入定理」（Suzumura and Kiyono 1987、鈴村 2004）が成り立つのか否かという問題に集約することができる。この定理は、自由な参入を規制することによって、規制しない場合よりも社会的総余剰（生産者余剰と消費者余剰の合計）を増やすことができるというものである。一見すると参入規制を正当化しているようにみえる。しかし、いくつかの重要な仮定がある。そのひとつが産業内で供給される財が同質的だという仮定（前提条件）である。

すでに述べたように、現在の日本酒は製品差別化が進んでおり、とても同質財とはいえない。まず垂直的（機能的）には、精米歩合の違いで、純米大吟醸酒から普通酒までに差別化されている。また水平的（意味的）にも、たとえ精米歩合が同じでも、米を市場調達するのか、自社栽培するのか、速醸法で造るのか、生酛造りによるのか、などで差別化されている。つまり、日本酒製造業に「過剰参入定理」は当てはまらないのである。

ではなぜ、若き醸造家たちはあえて需要が減少する産業に参入しようとするのか。またなぜ、業界関係者は参入規制に固執するのか。

まず、若き醸造家たちは、需要の減少が著しい低価格帯の日本酒（普通酒や本醸造酒）を造ろうとはしていない。むしろ、かなりの高価格帯の製品を目指している。その意味で、経営の苦しい既存蔵元とは、市場セグメントが異なり競合することはない。また、新規参入を目指す者たちには、日本酒造りによって地域再生を行うという大きな社会的目的がある。

もちろん、高価格帯にも既存蔵元は存在するが、既存蔵元にとって新規参入を目指す者たちは敵ではない。むしろ既存蔵元とは異なる発想で需要を底上げする友である。

こう考えると、主な障害は、「過当競争」が起きるとの業界関係者の「思い込み」にあると思われる。筆者は、彼らの「思い込み」を心情的には理解できる。誰でも変化は怖い。変えなくて済むものなら変えたくない。だが、その「思い込み」には、経済学的な根拠がないことは先に述べたとおりである。

日本酒は近年グローバル化している。グローバル化の先には、ワインという巨人が待ちかまえている。つまり、日本酒は単なる衰退産業ではないのである。

グローバルに競争する日本酒には、新しい血と斬新な発想が必要である。そのためには、参入規制を全面的に緩和して、本章で紹介したような新しい醸造家たちを迎え入れるほうが、結局は真の業界利益に適うと筆者は確信する。

「すべてが現状のままであって欲しいからこそ、すべてが変わる必要がある」(トマージ・ディ・ランペドゥーサ『山猫』小林惺訳、岩波文庫、2008年)。

第2章　日本ワイン

「宿命的風土」を乗り越える苦闘

ワインの世界史をひもとけば、紀元前6000〜4000年の中央アジアにさかのぼる。本章では、紙幅の関係上、日本のワイン史に限定する。加えて、現代の「日本ワイン」（定義は後で述べる）の理解に必要な限りで記述する（仲田2020、日本ワイン検定事務局2021）。

日本のワイン造りは明治期にはじまる。明治政府の基本方針は、殖産興業政策の一環としてのワインの国産化であった。この目的のために、大蔵省は1872（明治5）年に内藤新宿試験場（現在の新宿御苑）を開設して、欧州系ブドウ品種の栽培を行った。また、1877（明治10）年には、山梨県立葡萄酒醸造所が甲府城跡に開設され、本格的な醸造・販売が開始された。

しかし、官主導の時代は長くは続かなかった。1881（明治14）年から続いた松方正義・大蔵卿による緊縮財政（いわゆる松方デフレ）と官営施設の払い下げの影響である。その最も有名な事例は、官営の長崎造船所や兵庫造船所の三菱への払い下げであろう（1887〔明治20〕年）。山梨県立葡萄酒醸造所も1885（明治18）年に廃止され、大日本山梨葡萄酒会社に払い下げされた（宮久保2002）。

日本で最初の民間のワイン製造会社は、山梨県の大日本山梨葡萄酒会社（1877〔明治10〕年設立）である。この会社では、フランスでワイン造りを学んだ2人の若者、高野正誠（まさなり）と土屋龍憲（りゅうけん）が本格ワイン造りに励んだが、その試みは早々に挫折した（1886〔明治19〕年解散）。まだ日本人の舌には、フランス流の本格ワインは早すぎたのだった。

結局、当時の日本人に受け入れられたのは、栄養や薬用上の効果を打ち出した甘味果実酒（ワインに糖類、蜂蜜、酒精などを加えた酒）であった。大日本山梨葡萄酒会社の販売担当であった宮崎光太郎は、営業部門を引き継いで甲斐産商店を起こし、薬用を強調した「大黒天印甲斐産葡萄酒」や「ヱビ葡萄酒」「丸二印滋養帝国葡萄酒」などの商品を投入した。これらは、宮崎の新聞広告を使う巧みなPR戦略とも相まってヒット商品となった。

こうした流れが、後の寿屋（ことぶきや）（現サントリー）の甘味果実酒「赤玉ポートワイン」の大流行の下地となる。また甲斐産商店は、1934（昭和9）年に大黒葡萄酒株式会社に改組され、今日のメルシャン株式会社へと発展していくこととなる。

図表1　ワインの製造工程

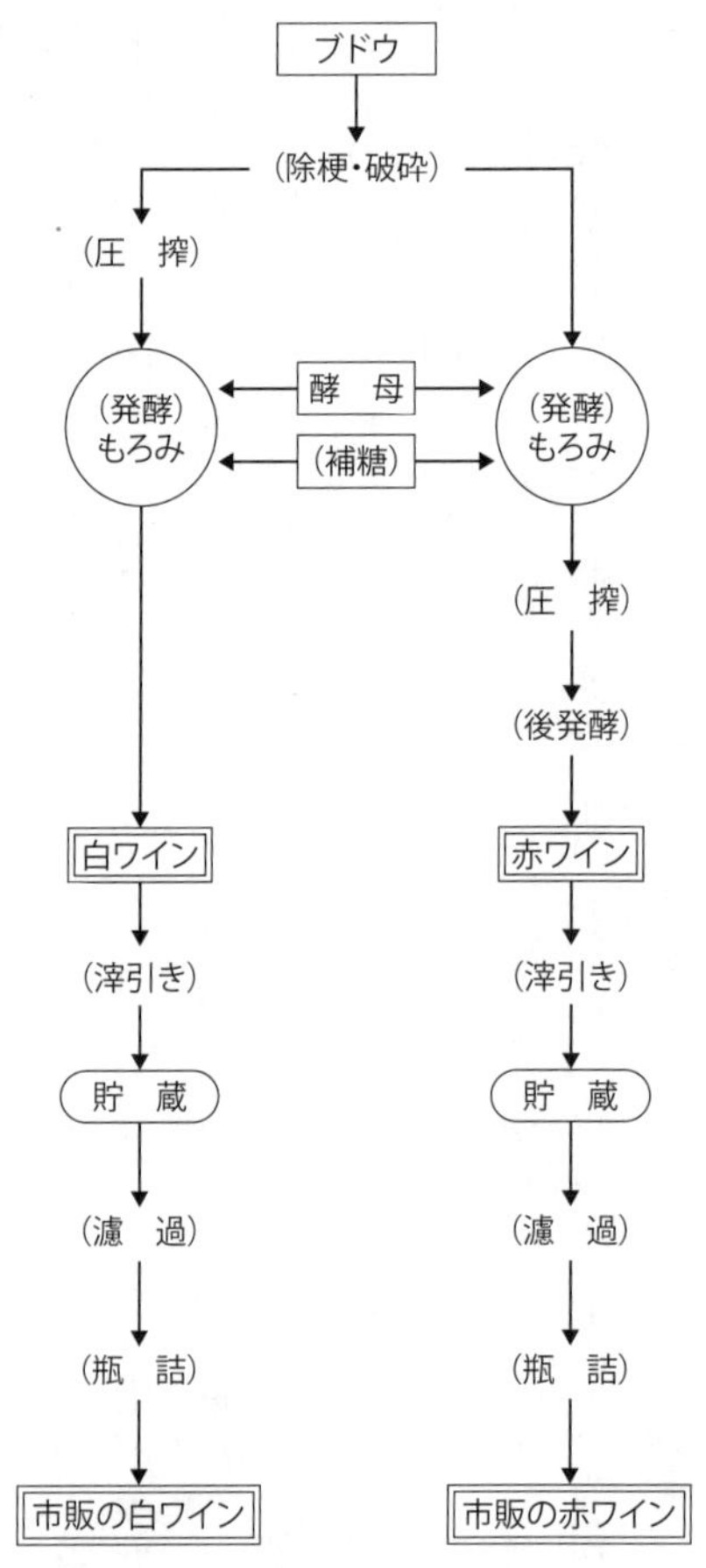

［出所］国税庁課税部酒税課・輸出促進室『酒のしおり』2022年，一部筆者修正

ワインの製法

ワインの製造工程は**図表1**に示される。左が白ワインで右が赤ワインである。ブドウの実は、果肉、種、果皮、果梗（かこう）（果実を支える柄）から成る。図の上の除梗とは、果梗を取り除く作業である。破砕とは、果皮を軽く破ることを意味する。

白ワインは、この後、ただちに圧搾して果汁を搾り出し、それに酵母を加えて発酵させる。終了後は、タンクや樽に0～6か月ほど貯蔵し濾過（ろか）して瓶詰めにする。

赤ワインは、圧搾のタイミングが白ワインとは異なり、発酵中に色素や渋みの成分となるタンニンなどを抽出するために、種と果皮も漬け込む。その後、タンクの底からワインを引き抜き、種と果皮は圧搾する。さらに、リンゴ酸を乳酸と二酸化炭素とに分解する工程（マロラクティック発酵）を経て、タンクや樽に1～2年ほど貯蔵される。そして、濾過と瓶詰めで工程は終わる（日本ワイン検定事務局2021）。

ワインの国内市場の動向

ワインの国内市場における最大の転換点は、1975年度に課税移出数量ベースで、「赤玉ポートワイン」に代表される甘味果実酒を、果実酒（ワイン）が追い抜いたということであった。

その後、輸入ワインも広く普及して、1994年の第5次ワインブームや1997～98年の第6次ワインブーム（赤ワインブーム）を牽引して、国内製造ワインを凌

図表2　ワイン出荷数量の推移とワインブーム

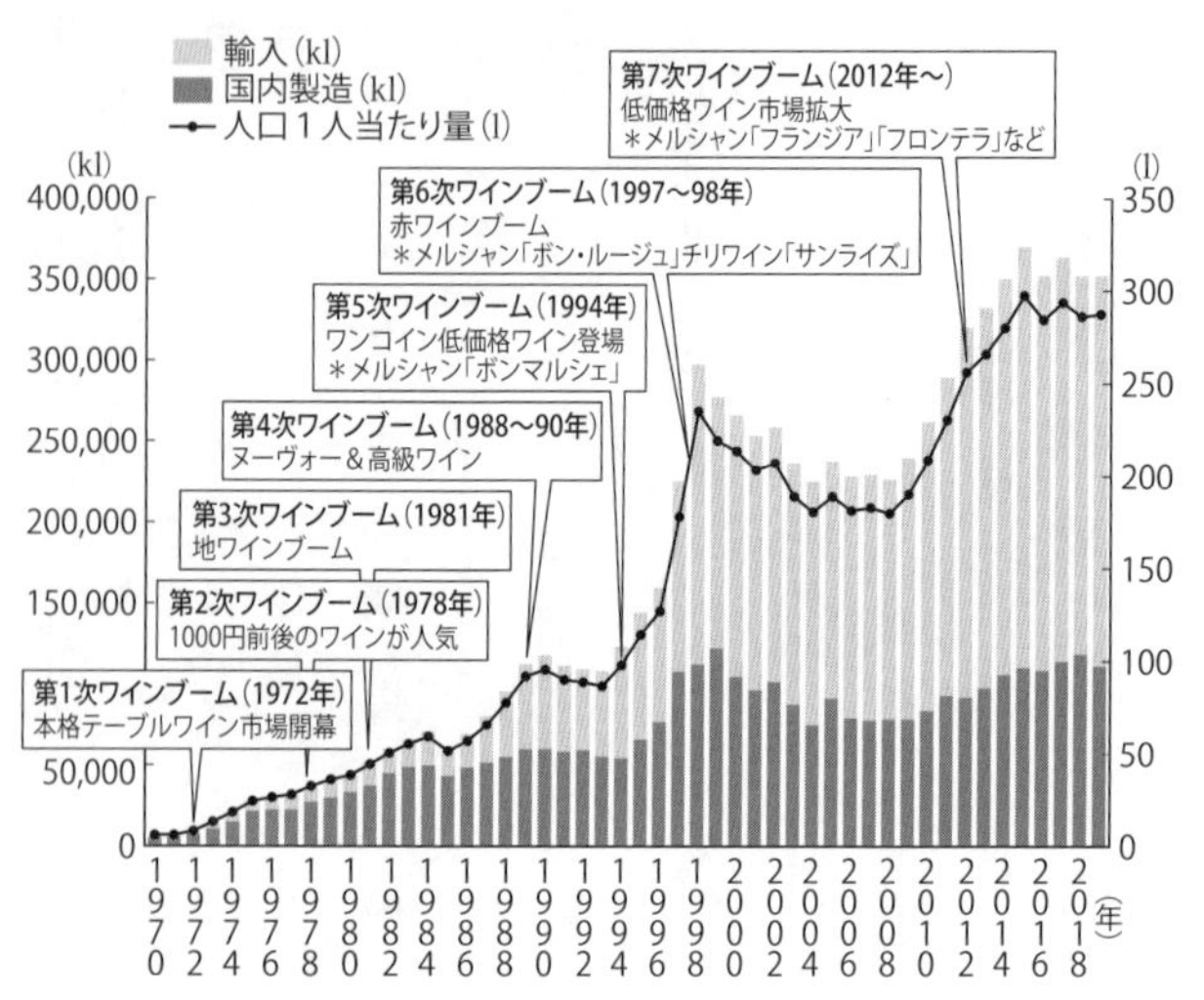

［注］1　国税庁発表資料による
　　　2　国内製造・輸入別構成比は課税数量を基にしたメルシャン推定
　　　3　年度は会計年度（４～３月）
［出所］メルシャン株式会社提供資料

駕するようになった（**図表2**）。これには、１９８９年の酒税法改正における従価税の廃止と従量税化が、輸入ワインの価格低減をもたらしたことの影響が大きかった。

　興味深いのは、図表は示さないが、酒類全体の出荷量は１９９９年度をピークに減少の一途をたどっているのに対して、ワインは２０００年代に微減した後に増加していることである。

しかも、2010年以降、国内製造ワインも増加傾向にある。

国内製造ワインの2つの顔

ある時期までの筆者を含めて、多くの人は、国内製造ワインとは、純日本製の「国産」ワインと思っていたのではなかろうか。つまり、海外から輸入されたワインではないという認識である。

日本国内で製造されたという意味では、この認識は間違いではない。だが、使われている原料は何かを問うと、事情は複雑になる。

国内製造ワインには2つのタイプがある、ひとつは国産のブドウのみで醸されたワイン（日本ワイン）である。もうひとつは、海外から輸入したブドウの濃縮果汁を発酵させたり、輸入ワインと国内製造ワインとを国内でブレンドするワインである。

図表3にみるように、2020年度で国内製造ワインの約8割は、日本ワインではない。その原料の7割弱は輸入されたブドウの濃縮果汁を発酵させたものである。

図表3　国内製造ワインの使用原料及び生産されたワインの内訳（2020年度）

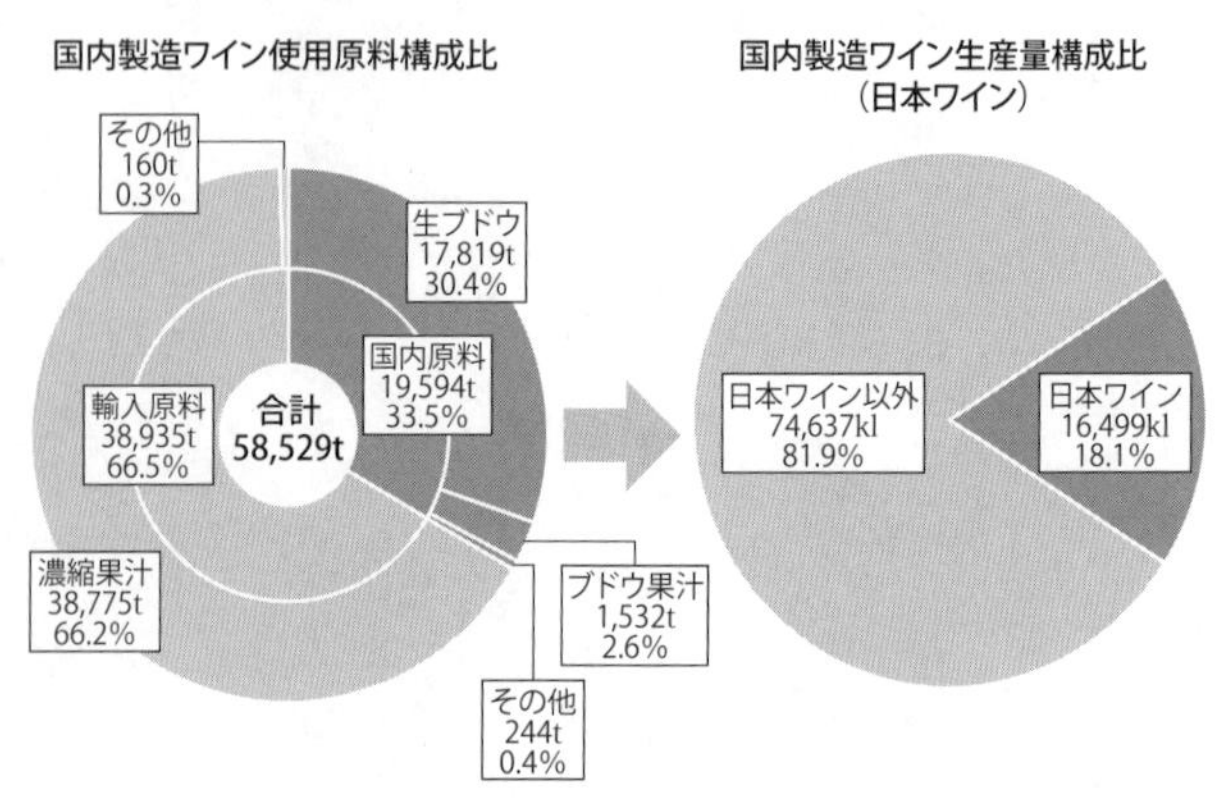

［注］　輸入原料中「その他」には，輸入したブドウが含まれる
［出所］国税庁『酒類製造業及び酒類卸売業の概況（令和３年調査分）』

スーパーマーケットのワイン売り場を眺めると、「ポリフェノールたっぷり」や「酸化防止剤無添加」などの健康面を強調する製品が所狭しと並んでいる。これらは、日本ワイン以外の国内製造ワインである。こうしたワインが売られている国は、日本以外にはない。ブドウの一大産地でワインは造られるので、濃縮果汁をわざわざ海外から輸入する必要などないからである。

「日本ワイン」表示の明確化

このような日本ワイン表示制定へ

の動きは、業界主導ではじまった。１９８６年に「ワイン表示問題検討協議会」が自主基準「国産ワインの表示に関する基準」を制定したが、この基準では、使用原料のラベルでの表示が義務づけられた。

しかし、２０００年代に入り日本のワインが注目されてくると、国際ルールとの整合性が問われるようになり、この基準の改善が求められた。

この延長線上に、国税庁は、酒税法に基づく「果実酒等の製法品質表示基準」（国税庁長官告示）を２０１５年10月に定め、２０１８年10月から適用を開始した。つまり、「日本ワイン」表示を法的に明確にしたのだ。日本ワインとは、「国産ぶどうのみを原料とし、国内で製造された果実酒」である。この規定を守れば、「ぶどうの産地（収穫地）や品種等の表示が可能」となる。

２つ具体例を挙げよう。「日本ワインコンクール２０１９」における品種「甲州」部門での金・部門最高賞受賞ワインは、「島根わいん 縁結 甲州２０１８」で、欧州系品種（赤）部門での金・部門最高賞受賞ワインは、「シャトー・メルシャン鴨居寺シラー」である。このように、「ぶどうの産地（収穫地）や品種」がきっちりと書き込まれている。

巨大メーカーによる開拓

日本ワインを語るとき、サントリーワインインターナショナル株式会社とメルシャン株式会社の存在を抜きにすることはありえない。なぜなら、この両社が日本におけるワイン醸造の先駆者であり、なおかつ現代の日本ワインの主導者だからである。

●サントリーワインインターナショナル株式会社

サントリーは、ウイスキーメーカーとしてのイメージが強いが、その出発点はワイン製造にある。1907(明治40)年に発売された「赤玉ポートワイン」は、寿屋(現 サントリー)創業者・鳥井信治郎の広告宣伝の巧みさも手伝って、「大正の終わりから昭和にかけて、市場の60パーセントを占め、戦前の日本の国民的代表酒にまでなった」(山本 2013)。これで得た資金を元手に鳥井は、1923(大正12)

年に山崎蒸溜所を建ててウイスキー事業に本格的に乗り出すことができた。

サントリーにおける戦前期のもうひとつの重要な出来事は、1936（昭和11）年に廃園同然だった登美農園（山梨県）を購入し、「寿屋山梨農場」として巨大なワイナリー経営（現 登美の丘ワイナリー）に乗り出したことである。

ここには、鳥井、そして微生物学や醸造学の権威・坂口謹一郎（東京帝国大学）、さらに新潟で岩の原葡萄園を経営し「国産ワインの父」と呼ばれる川上善兵衛（後出）、という3人の緊密な協力があった。

サントリーの日本ワインへの貢献は、登美の丘ワイナリーとともにある。もともとは、「赤玉ポートワイン」の原料供給基地で米国原産のコンコードなどの品種が中心であった。しかし、世界基準のワインを造るという気運が生まれ、1950年代から欧州系のブドウ栽培をはじめる。

当時としては、日本では先進的な取り組みであり、欧州系品種のカベルネ・ソーヴィニヨン、メルロー、シャルドネなどを栽培し、1964年に本格ワイン「シャトーリオン」を発売している。「シャトーリオン」は、1965年に国際コンクールで金賞を受賞している。

その後、1986年には、複数の欧州系品種で醸造し、ボルドースタイルで樽熟成してアッサンブラージュ（品種、区画、収穫年などが異なる原酒を混和すること）した「登美・赤」を発売している。この取り組みも、他社に比べて早い。「登美・赤1996」は「リュブリアーナ国際ワインコンクール2000」のチャンピオンを獲得している。

欧州系品種に、このように早く着手できたのは、登美の丘ワイナリーが自社畑だったからである。ブドウ栽培農家にとって、当時は、生食用ブドウや日本固有のワイン用ブドウの甲州がメインだった。欧州系品種への挑戦はリスクが大きくて事実上不可能だったに違いない。

これに対して、自社畑は自らリスクを取ることができる。サントリーはこの利点を最大限に活かした。ボルドースタイルの本格ワインへの早期の取り組みが可能だったのもこの利点のゆえである。ここにサントリーの日本ワインへの大きな貢献がある。

サントリーは、現在、以下のような製品ポートフォリオを展開している。高価格帯（1万円以上）では、徹底した収量制限で育てられた品種のみで醸された、世界のワインと比肩しうる「登美」（赤・白・貴腐）がある。中価格帯（1万円未満2000円以上）には、各産地の風土を体現した「登美の丘」シリーズ（赤・白・ロゼ）、塩尻ワイナリーの「塩尻」シリーズ（赤・白・ロゼ）、「ジャパン・プレミアム」の「産地」シリーズとなる。スタンダード価格帯（2000円未満）には、より多くの消費者に日本ワインの品質のよさを知ってもらう「ジャパン・プレミアム」の「品種」シリーズがある（調査実施2021年4月7日、5月26日）。

●メルシャン株式会社

メルシャンの源流は、日本初の民間ワイン製造会社として1877（明治10）年に設立された大日本山梨葡萄酒会社にある。

メルシャンは、戦前の1934（昭和9）年に昭和酒造株式会社として出発し、1949年に三楽酒造株式会社に社名変更する。そして1961年には、日清醸造株式会社を吸収合併して「メルシャン」ブランドを傘下に収め、1962年にウイスキー事業を行っていたオーシャン（大黒葡萄酒）を買収する。この大黒葡萄酒が、先に述べた源流としての大日本山梨葡萄酒会社につながっている。その後、1990年にメルシャン株式会社となる。

メルシャンが、近年の日本ワインの発展に寄与した貢献は大別して2つある。ひとつは、日本固有のワイン用のブドウ品種である甲州の味と香りを向上させたことにある。もうひとつは、メルローなどの欧州系ブドウ品種の栽培の拡大である。

まずは甲州の事例を取り上げる。甲州の原産地は、カスピ海と黒海に挟まれたコーカサス地方で、シルクロードを伝わって日本に伝来したといわれる。事実、独立行政法人・酒類総合研究所が行ったDNA解析で、約70パーセントが欧州種、約30パーセントが野生種（中国のトゲブドウ）であることがわかっている。

甲州を使ったワインの味の特徴は、「おとなしい」「後味に苦み・収斂味が出てしまう」（山本 2013）ところにある。筆者流に表現すれば、白ワインの代表格であるシャルドネのような華やかな香りと風味に欠け、ソーヴィニヨン・ブランのようなフルーティさと酸味も足りない。要するに個性に乏しい品種なのである。

こうした甲州の問題点を、メルシャンは２つの方法で解決した。

ひとつは、１９８３年における「シュール・リー製法」の甲州への応用である（製品名は「メルシャン甲州東雲（しののめ）シュール・リー」）。シュール・リー製法とは、秋の発酵終了後に通常は取り除いてしまう滓（おり）を残し、春まで一緒に貯蔵することにある。これにより、甲州特有の苦みを減らし旨みを増すことができる。この製法は、フランスのロワール地方のミュスカデ・ワインで用いられてきた。現在では、各社から「甲州シュール・リー」と銘打った製品が出されている。

もうひとつは「甲州きいろ香」の開発である。メルシャンは、２００３年に勝沼ワイナリー工場長の上野昇が自園で栽培していた甲州から柑橘系の香りを見出した。そのワインをボルドー大学の故・富永敬俊博士に分析してもらった結果、３ＭＨというソーヴィニヨン・ブランに含まれるグレープフルーツの香気成分が発見された。

その後の共同研究によって、この香りの発現を阻害している要因（フェノール化合物）の作用を抑制できれば、甲州にさわやかな香りを与えることがわかったのだ。この知見に基づき、栽培（早期摘み）や醸造上の工夫（酸化抑制、温度管理など）により、フェノール化合物の抑制にメルシャンは成功した。そして2005年に、「シャトー・メルシャン甲州きいろ香」の製品化に成功する。

日本ワインへのメルシャンの第2の貢献は、メルローなどの欧州系ブドウ品種の栽培の拡大である。このきっかけは、1976年に長野県塩尻市桔梗ヶ原のブドウ生産出荷組合を説得して、甘味果実酒用品種のナイアガラとコンコードを、欧州系ブドウ品種のメルローに転換させたことにある。

いうまでもなく、その目的は欧州系ブドウ品種による世界基準でのワイン造りである。これは当時、勝沼工場の製造課長であった浅井昭吾（ペンネーム麻井宇介）が主導した（麻井宇介については後述）。この戦略は奏功し、「信州桔梗ヶ原メルロー1985」は、国際的な権威がある「リュブリアーナ国際ワインコンクール1989」で大金賞の栄冠に輝いた。

以降、メルシャンは、桔梗ヶ原、城の平（甲州市勝沼町）、椀子（まりこ）ヴィンヤード、鴨居寺ヴィンヤード（山梨市）でメルロー、カベルネ・ソーヴィニヨン、シラーやシャルドネなどを主に栽培し、その他の契約栽培地区では、その地域に適合する品種を栽培している。たとえば、長野県北信地区や福島県新鶴地区のシャルドネ、秋田県大森地区のリースリング、山梨県穂坂地区のマスカット・ベーリーＡなどである。

シャトー・メルシャンの製品ポートフォリオは、以下のとおりである。高価格帯（７０００円以上）は、各産地における各品種の最高のものを選び抜いて製品化したものである（「桔梗ヶ原メルロー」「北信左岸シャルドネ」など）。中価格帯（７０００円未満、２０００円以上）には、産地と品種の特徴を十分に表現し、ワイン愛好家の評価にも応えることを目指すワイン（「椀子メルロー」「岩出甲州きいろ香　キュヴェ・ウエノ」など）がある。スタンダード価格帯（２０００円未満）には、産地にこだわらず、複数品種をバランスよくブレンドし、消費者が求めやすい価格で提供するワイン（「萌黄（もえぎ）」〔白ワイン〕、「藍茜（あいあかね）」〔赤ワイン〕など）がある（調査実施２０２１年３月３日、４月２日、５月19日、５月26日）。

辛苦の先行者たち

どの分野にも先駆けとなった偉大な先人がいる。ここで取り上げる岩の原葡萄園の川上善兵衛と林農園の林五一も、まさに先達と呼ぶにふさわしい。しかもこの2人は、まるで求道者のような姿勢で、茨の道を切り開いてきた。2つのワイナリーの足跡と現状を述べよう。

●株式会社岩の原葡萄園

川上善兵衛は1868（慶応4）年に生まれ、1890（明治23）年に岩の原葡萄園を創業した。新潟の上越地方の大地主の子として生まれたが、幼少期に父を亡くし、苦労したという。

善兵衛は、1882（明治15）年、14歳で東京に出て慶應義塾で学んだ。川上家と親交のあった勝海舟を何度も訪ねて、海外事情を学んだことが、ワイン造りを志すきっかけとなった。ブドウは米とは違い主食ではない。加えて寒冷地に適するブドウを植えてワインを造れば、米作を補完して、雪深く貧しい上越地方の産業振興につながるという示唆を得たという。

フランスでワイン造りを学んだ2人の若者、高野正誠と土屋龍憲のことは本章の冒頭で述べた。フランスでワイン造りを学んで一度は挫折したが、本格的なワイン造りに励んでいた土屋龍憲らを善兵衛は訪ねた。そして、3年間、ブドウ栽培のノウハウを学びに勝沼に住み込んだ。その後、1898（明治31）年に、善兵衛はワインとブランデー（「菊水葡萄酒」「菊水ブランデー」）の販売を開始する。しかし、その経営は、日露戦争の特需やその後の不況、甘味果実酒の流行とワインの不人気などに大きく翻弄された。

善兵衛は、欧米から苗木を輸入し栽培に成功していたが、「欧州系品種の品質はよいが日本の風土に合わず、米国系品種は日本の風土には適するが上質なワインの原料には適さない」という二律背反の関係に直面していた。そこで着手したのが、日本の気候風土に適したブドウ品種を求めた、交配による品種改良であった（仲田2020）。

実に1万3111回に及ぶ交配の中から、現代の日本ワインを支える優良品種を生み出す。その代表的な品種は、マスカット・ベーリーA、ブラック・クイーンなどである。

現在の岩の原葡萄園は、善兵衛の遺志を受け継ぎ、その生み出した品種により優れた日本ワインを世に送り出している。製品には赤、白、ロゼがあるが、ここでは、赤ワインを例に採る。

あくまでも私見だが、赤ワイン用のマスカット・ベーリーAの特徴はタンニンが少なく、ミディアムボディで酸味が柔らかである。

岩の原葡萄園では、この特徴を捉え凝縮感のあるワインにするため、次のような方法を取り入れた。第1に、自社畑では、雪の季節を見据えながら熟度を引き上げるように遅摘みにする。購入ブドウでは、生食できる品種であっても、農家に醸造専用分を増やしてもらい、高品質なブドウの確保に努めている。

第2に、遅摘みにより増強されるフラネオールという成分をワインの中に抽出するために、収穫後に冷蔵庫で冷却し、タンクの中に冷えた状態で入れて、低温域で色と香りの抽出時間を長く取り、その後アルコール発酵に進めて醸し、発酵期間を長くする。

第3に、樽熟成の期間を長くして熟成感を出す。また、マスカット・ベーリーAの柔らかな酸味をブラック・クイーンとアッサンブラージュして、酸味のバランスを整え、ボディ感を膨らませ味わいの広がりをもたせる。

これは、先に述べたメルシャンにおける甲州の、白ワインの製法の改善に匹敵する成果である。高価格帯の「ヘリテイジ」、中価格帯の「深雪花（みゆきばな）」などの評価はきわめて高く、各種コンクールでの受賞も多い（調査実施2021年7月1日）。

●株式会社林農園

林五一は、1890（明治23）年に製糸業を営む家に生まれ、1911（明治44）年に長野県桔梗ヶ原に林農園を開園した。当時は、不毛の地といわれた桔梗ヶ原を開墾し、果実全般を試みた後、比較的よく生育して売れたブドウに絞り込んだという。そして1919（大正8）年にワイン製造を開始した。

ワイン製造にあたっては、岩の原葡萄園の川上善兵衛の指導を受けた。岩の原葡萄園ではマスカット・ベーリーAを栽培していたが、桔梗ヶ原は高地で寒いため、積算温度が不足して熟度が上がらず、マスカット・ベーリーAは適さなかった。また、当時は甘味果実酒が主流であったから、桔梗ヶ原の農家も甘味果実酒の原料になるコンコードをもっぱら栽培していた。

そうした中で、五一の慧眼は、桔梗ヶ原でも育てうるワイン専用の欧州種メルローが適していると考えていたことにある。全国のワイナリーを巡る中で、山形でメルローに出会い、栽培を開始した。1952年のことである。これが、後に桔梗ヶ原のブドウ栽培の命運に大きな影響を与えることとなる。

1975年度に、甘味果実酒の出荷量がワインに逆転されたことはすでに述べた。そうなると困るのはブドウ農家である。なぜなら、甘味果実酒の原料ブドウのナイアガラやコンコードは不要になるからである。特に大手ワインメーカーは、多くの農家を抱えていたから問題は深刻であった。

メルシャンの項目で、「1976年に長野県塩尻市桔梗ヶ原のブドウ生産出荷組合を説得して、甘味果実酒用のナイアガラとコンコードを、欧州系ブドウ品種のメルローに転換させた」と述べた。

このことを浅井昭吾（当時は勝沼工場の製造課長）に助言したのが、五一の子の林幹雄（現 会長）である。桔梗ヶ原でメルローへの素早い転換が可能であったのは、五一以来のメルロー栽培の実践があったためである（林農園 2011）。

現在の林農園は、国内で推定第3位の日本ワインメーカーに成長している（後出）。ブランド名は「五一わいん」である。

ブドウは自社管理畑と契約栽培農家からのみ調達している。市場からの調達はない。契約栽培農家からは豊作・不作を問わずに全量買い取りをする。２０２０年の実績では、メルローの受け入れは自社管理畑と桔梗ヶ原の契約栽培農家からであり、ナイアガラやコンコードの受け入れは契約栽培農家からが大半である。また、ブドウ栽培における果樹管理で、棚栽培における高品質なブドウ確保を目的としたハヤシスマートシステムの開発に取り組み、栽培の省力化、ブドウ品質の向上に貢献している。

自社管理畑や契約栽培農家から受け入れたブドウの品質レベルの相違を、以下のように製品ポートフォリオに反映させている。

「五一わいん」の製品ポートフォリオは、次のようなものである。高価格帯（5000円以上）は、自社管理畑で栽培されたメルローやシャルドネ単品種のヴィンテージ明記の製品である。中価格帯（5000円未満、1500円以上）は、ヴィンテージ違いのメルローのブレンド（赤ワイン）やシャルドネのブレンド（白ワイン）である。スタンダード価格帯（1500円未満）は、メルローまたはマスカット・ベーリーAを主体に複数品種をブレンドしたものである（赤ワイン）。白ワインは、セイベルなどの白ワイン用品種のブレンドである。

なお、「桔梗ヶ原メルロ1996」が「リュブリアーナ国際ワインコンクール」で1998年に銀賞を受賞した。これをを皮切りに、同社の製品では国内外のコンクールの受賞が相次いでいる（調査実施2021年5月19日）。

2つの新興ワイナリー

現代の日本ワインを語るとき、卓越した指導者として麻井宇介（本名・浅井昭吾、１９３０〜２００２年）を抜きにすることはできない。麻井は、１９５３年に大黒葡萄酒株式会社（現メルシャン）に入社し、１９９７年に退職している。

在職中も退職後も、会社の内外で、数多くの若者たちに自らのワインに関する知識を伝授し続けた。著書や論文も多数にのぼる（佐藤2018）。『ウスケボーイズ』という本（河合2010）もあり、映画化もされた（柿崎ゆうじ監督作品、２０１８年）。題名を聞いたことがある読者も、いらっしゃるのではなかろうか。ここでは、河合（2010）では取り上げられなかった、２つの新興ワイナリーを紹介する。

●株式会社ヴィラデストワイナリー

ヴィラデストは、エッセイストで画家の玉村豊男により２００３年に創設された。この創業には２つの事情が絡み合っている。

ひとつは玉村の個人的な事情である。玉村は１９９１年に長野県東御（とうみ）市に移住し、農業をしながら創作活動を行っていた。自分で飲むためにワイン用のブドウも栽培し、委託醸造でワインも造っていた。

もうひとつは玉村の社会的事情である。玉村が所長を務めていた宝酒造株式会社が運営するTaKaRa酒文化研究所の顧問が、メルシャンを退職したばかりの麻井宇介であった。1998年に宝酒造のワイナリー設立プロジェクトが立ち上げられ、宝酒造の若手社員であった小西超が送り込まれた。そこで小西は麻井からワイン造りの基礎を叩き込まれた。それは麻井の晩年であり、最後の著作となった『ワインづくりの思想』(2001年)の執筆時期と重なっていた。

しかし、宝酒造のワイナリー設立プロジェクトは、会社の判断で2001年に中止される。それでもワイナリーの設立を諦め切れなかった玉村と小西は、玉村の自宅と農園のある場所で製造免許を取得して、ヴィラデストを創業する。はじめは、玉村の個人商店的な色彩が濃かったが、2007年に株式会社化した。当初は、玉村が代表取締役であったが、現在は小西が跡を継いでいる。

ヴィラデストのブドウの調達は、8割が自社管理畑からで、残りの2割が購入である。欧州系品種(シャルドネ、メルロー、ピノ・ノワールなど)の製品が大半で、甲州などの日本固有種は使わない。

企業組織としては、ワイン部門、レストラン部門、グッズ部門がある。特徴は、レストラン部門の売り上げがワイン部門と比肩することである。玉村が画家ということもあり、グッズ部門の売り上げも少なくない。ワインの価格帯は5000円以上が最も多い。

ヴィラデストに関して特筆すべきは、ワイン造りを希望する者たちへの支援である。ヴィラデストの様子を見て、東御への移住者も徐々に増え、相談を受ける機会も増えた。この地域をワイナリーの集積地にしたいという玉村の想いもあり、栽培醸造教育機関「千曲川ワインアカデミー」とワイナリー「アルカンヴィーニュ」を擁する、日本ワイン農業研究所株式会社が2014年に設立された（玉村2013）。

ワイナリーをつくったのは、「ワインアカデミー」で学び栽培をはじめた（まだ醸造設備をもたない）人たちの委託醸造を行うためでもあった。2021年現在、卒業生は150名で、そのうち50名近くが就農し、10数名が委託醸造を行っている。ワイナリーを経営する人も8名いる。この結果、ヴィラデストが開設されたときは、東御市内でたった1軒のみだったワイナリーも、2021年には12軒に増加している。

小西が麻井宇介から最も影響を受けた言葉は、高温多湿などの日本の風土のせいにせずに「志をもってやれば、世界に通用し、人が感動するワインは日本でもできる」である。その精神を受け継いで、小西のワイン造りと、新規参入者の教育や支援は今日も続いている（調査実施2021年4月2日）。

●株式会社信州たかやまワイナリー

信州たかやまワイナリーは、2016年に創業した。高山村では、1996年からワイン用ブドウ栽培がはじまった。大手メーカーの契約栽培農家として、シャルドネを作りはじめたのがきっかけである。そのシャルドネの評価は高く、徐々にワイン栽培農家が増えていった。

2006年に「高山村ワインぶどう研究会」が発足し、栽培やワイン造りの研究や、ワイン用ブドウの産地として、その発信などの活動を行ってきた。発足当初は

3農家3ヘクタールであったブドウ畑も、2015年には約20名、約40ヘクタールへと拡大していく。同年、「高山村ワインぶどう研究会」の取り組みは農林水産大臣賞を受賞している。

こうした活動を背景に、研究会のメンバー13名が出資して、株式会社信州たかやまワイナリーが設立された。そして2016年に取締役・醸造責任者に就任したのが鷹野永一（たかのえいいち）である。

鷹野は、1990年に大手ワインメーカーに入社し、2015年に退職するまで、ワイン醸造・品質管理・物流などに従事した。その間、ボルドーのシャトーに3年間駐在している。そもそもワイン業界を志したのは、学生時代に参加した「勝沼ワインゼミナール」で麻井宇介の講演に感銘を受けたからだという。

信州たかやまワイナリーの特徴は、出資者自身がワイン栽培農家であることにある。したがって、ブドウの調達は、まずはオーナーから行う。しかし、設立後、順調にワインの生産本数を増やしたため、オーナー以外の農園やブドウ出荷組合を通じたブドウ購入も行っている。

仕込まれたブドウの品種の割合は、2020年実績で、白赤半々である。白ワインでは、シャルドネとソーヴィニヨン・ブランで大半を占める。赤ワインでは、メルロー、カベルネ・ソーヴィニヨン、ピノ・ノワールが主である。品種シリーズのワインの価格帯は3000円台である。このほかに「Nacho」と名付けられた村内限定のワイン（1650円）がある。

信州たかやまワイナリーの経営戦略を問うたところ、鷹野から興味深い答えが返ってきた。

「私がそもそもここへ来たのは、ワイン産地づくりをしたかったからです」、「通常の会社だと、利益というものが存在価値だと考えるのでしょうけれど、ワイン産地を形成することによって、将来的にこのワイナリーが受託する、受ける利益というのですか、それはすごく大きなものだと考えています」。

この考え方の意味することは、後ほど考察しよう（調査実施2021年5月18日）。

日本ワイン最大手・北海道ワイン株式会社

先に取り上げたサントリーとメルシャンは、日本最大手のワインメーカーである。しかし、その製品の大半は濃縮果汁などを使う国内製造ワインであって、日本ワインではない。

実は、最大の日本ワインメーカーは、ここで紹介する北海道ワイン株式会社である。市場における日本ワインの10本に1本が、北海道ワインの製品である。加えて、先に示した山梨や長野のワイナリーが直接・間接的または歴史的に、サントリーやメルシャンとの関係があるのに対して、北海道ワインはほぼ関係がない。独立独歩なのである。

北海道ワインは、嶌村彰禧（しまむらあきよし）によって1974年に設立された。製造免許取得、社員のドイツでの研修、欧州からの苗木輸入などの準備期間を経て、1979年産の5品種（ミュラートゥルガウなど）のワインを翌年に初リリースしている。

現在の代表取締役の嶌村公宏（きみひろ）によれば、北海道ワインの経営戦略は、①ほぼ北海道産ブドウを中心に日本産ブドウのみ使用、②離農による原料不足対処のため自社畑の拡充、である。各社が輸入された濃縮果汁の使用に傾斜する中で、「バルク輸入したワインや濃縮果汁を使うくらいなら会社をたたむ」という徹底した姿勢を貫いてきた。

このこだわりは、言うは易く行うは難かったと思われる。嶌村の言では、「いろいろな商社が販促の営業に来ました。魅力的な値段でした。ですが、それをやり出すと大手に負けます。資金量も違うし、一番いいところではなく、残ったものがうちに来るのですから」と。

当初、いまひとつの戦略だった自社畑の拡充策をさらに進め、1974年に127ヘクタールであった鶴沼ヴィンヤードを447ヘクタールにまで広げた。これは国内のワイナリーとしては最大規模である。また、2020年には有機栽培を目的とした後志（しりべし）ヴィンヤードも開設している。

自社畑の拡充は、高齢化などによる契約栽培農家の減少対策と同時に、新しい品種の実験という側面もある。2021年現在で25品種を用いている。この品種数も日本のワインメーカーとしては最多である。この品種の多さを反映して、製品アイテムは80以上にのぼり、加えてコープやコンビニのプライベート・ブランド製品も多数抱えている。

製品ポートフォリオとしては、以下の３つがある。まず高価格帯（４０００円以上）には技術の粋を集めた限定醸造品（「トラディショナルメソッド北海道鶴沼収穫」や「おたるゲヴュルツトラミネール」など）、次に中価格帯（４０００円未満、２０００円以上）には鶴沼シリーズ（「鶴沼ピノ・ブラン」など）と葡萄作りの匠シリーズ（「北島秀樹ツヴァイゲルト」など）、最後にスタンダード価格帯（２０００円未満）にはおたるシリーズ（「おたる完熟ナイヤガラ」など）と北海道シリーズ（「北海道ケルナー」など）がある。

「良質なテーブルワインを低価格で提供する」という企業理念を最もよく体現するのが、おたるシリーズである。これには単品種のものと複数品種のブレンドのものがある（調査実施２０２１年４月16日）。

日本ワインの成果と課題

ここまで個別事例を紹介してきた。ここで全体像を確認しておこう（**図表４**）。

2020年度の国内ワイン市場に占める日本ワインの割合は、わずか5・4パーセントに過ぎない。しかし、日本ワインの出荷量は確実に増加している。事実、国税庁の調査によれば、日本ワインは2015年度の1万5065キロリットルから2020年度の1万7775キロリットルに18パーセントほど増加している。

筆者は、鹿取（2011）で公表されている日本ワインの生産本数上位10社（2008年度）の情報を参照して、その10社に加えて、この章で取り上げたワインメーカー6社の数値を独自に調査した。その結果が**図表5**である。

この表から、いくつかの興味深い事実が浮かび上がる。

第1に、生産本数については、①伸ばした企業（7社）、②ほぼ現状維持（1割増減）の企業（5社）、③減らした企業（3社）に分かれるということである。

ここで、生産本数を減少させた企業の事情はわからない。競合他社の増加による販売不振、または生産方針の転換による意識的な減産などが考えられる。

第2に、自社管理畑の植栽面積が増え、契約栽培農家の戸数が減っている。契約栽培農家の減少の理由は、高齢化と後継者不足である。自社管理畑の拡大の主な理由のひとつは、そうした契約栽培農家の減少の埋め合わせである。もうひとつの理由は、新しいブドウ品種の試行的栽培である、日本では、栽培がむずかしいとされている欧州種のカベルネ・ソーヴィニヨンやピノ・ノワールを、まずは自社管理畑で試みるためである。

第３に、購入ブドウ（市場からの調達）の増加である。これは生産本数を伸ばしている企業に共通している。自社管理畑の拡大・収穫には時間を要し、契約栽培農家は減っているから、増加分は市場からの調達に頼らざるをえない。

図表４　国内市場における
ワイン流通量の構成比
（2020年度推計値）

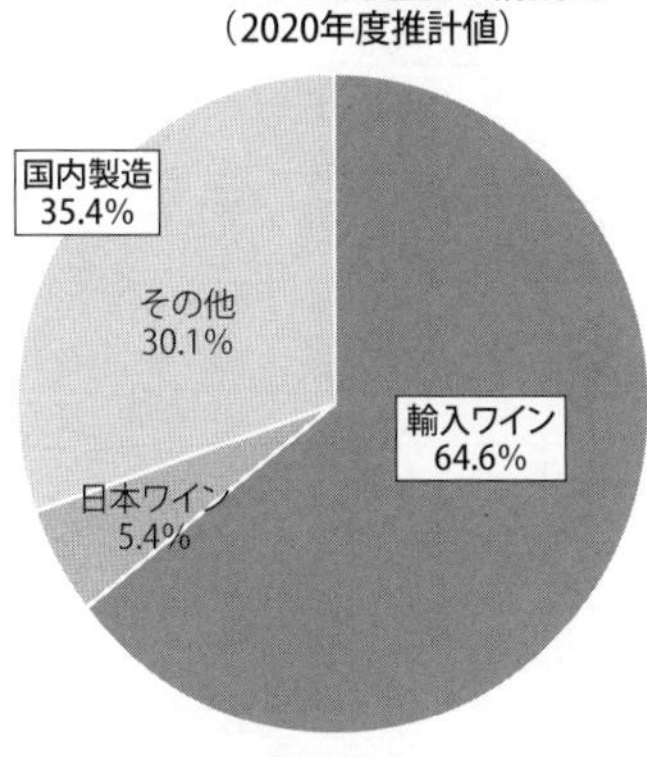

［出所］国税庁『酒類製造業及び酒類卸売業の概況（令和３年調査分）』

過去10年間の日本ワインの成果としていえることは、全般的には順調に出荷量を増やしていることである。しかしながら同時に、大きな課題もある。これまで良質のブドウを供給してきた契約栽培農家は減少し、なおかつ栽培者の高齢化に

750ml 換算	自社管理畑の植栽面積（ha）		契約栽培農家数（戸）		購入ブドウ（t）	
2019年度	2008年度	2019年度	2008年度	2019年度	2008年度	2019年度
261万	110	116	300	200	195	250
81万7300	8.6	19.1	150	115	なし	なし
26万	5.5	5.2	70	71	112	351
21万1000	20	20	33	21	なし	なし
42万9000	1.2	1.8	73	45	89	210
25万	15	15	41	41	30	30
26万6000	3	2.5	113	67	59	258
20万	4.5	8.5	70	45	194	155
17万	1.3	4.7	18	34	36	142
13.8万	2.3	2.3	45	46	80	92
50万	22.5	50	415	220	なし	なし
50〜60万*	―	約39.5	―	50	―	約700
33万3000	5.8	5.8	0	2	85	291
77万	7	15	142	99	93	138
3万	3.3	12	4	2	5	8
3万1000	0	0	11	14	21	53

［出所］2008年度の数字は鹿取（2011）『日本ワインガイド』による
2019年度の数字は筆者調べ

より、この流れは将来も止まらないと予想されることである。今後、各社では、自社管理畑と市場調達との最適な組み合わせを探ることが重要になってくる。

「テロワール」の二面性

ワインや日本酒を専門に扱った本や雑誌をみると、「テロワール」という言葉が溢れている。「テロワール」を知らずして、ワインも日本酒も語ることはでき

図表５　「日本ワイン」製造メーカーの年間生産本数等の推移

	所在地	ワイナリーまたはブドウ園の名称	創業年（年）	年間生産本数（本）
				2008年度
1	北海道小樽市	北海道ワイン	1974	200万
2	長野県塩尻市	井筒ワイン	1933	70万
3	山梨県甲州市	勝沼醸造	1937	33万
4	北海道富良野市	富良野市ぶどう果樹研究所	1972	28万8000
5	島根県出雲市	島根ワイナリー	1959	25万6000
6	山形県上山市	タケダワイナリー	1920	25～30万
7	岩手県葛巻市	くずまきワイナリー	1986	24万3000
8	宮崎県都農町	都農ワイン	1996	19万
9	山梨県甲州市	フジッコワイナリー	1963	18万
10	山梨県甲州市	丸藤葡萄酒工業	1890	15万
	東京都	メルシャン	1877	75万
	東京都	サントリーワインインターナショナル	1899	―
	新潟県上越市	岩の原葡萄園	1890	36万7000
	長野県塩尻市	林農園	1919	61万
	長野県東御市	ヴィラデストワイナリー	2003	1万8000
	長野県上高井郡高山村	信州たかやまワイナリー	2016	1万4000

［注］2016年創業の信州たかやまワイナリーの年間生産本数は2017年，契約栽培農家戸数は2016年の数字である
＊は直近数年間の幅を意味する

ないという勢いである。

「テロワール」とはフランス語で、ラテン語の「テラ（大地）」が原語である。「ブドウ畑の総合的な自然環境を表現する言葉」であるが、「英語や日本語にもこれを正確に表す言葉は見当たらない」（戸塚・東條編2018）。

これまでに述べてきたように、ワインの品質のかなりの部分は、醸造に入る前のブドウの品質で決まる。

だから、ブドウの品質を左右する畑の環境条件、とりわけ地質、土壌、降雨量、水はけ、気温、日照時間などが重要である。これらが「テロワール」の構成要素となる。

世界でも恵まれた「テロワール」は、フランスのブルゴーニュ地方である。ブルゴーニュの土壌は泥灰土と石灰岩で構成され、適度な保水性をもつ。また、陽当たりがよく、ブドウに最適な日照時間（4～9月で平均1300時間）、夏季の気温（平均摂氏20度）、降水量（年間平均700ミリメートル）がある。

こうした「ブドウ畑の総合的な自然環境」が重要であることは自明であろう。多くの世界の銘醸地が、多かれ少なかれ、ブドウ栽培に適した自然環境を有している。だが、それは「テロワール」の一面に過ぎない。

図表6は、麻井（2001）による20世紀後半のワインの発展段階の整理である。ボルドーやブルゴーニュなどの銘醸地が確定・固定していた「産地の時代」の後に、世界規模での産地間競争が現れた。その第1波は、「技術の時代」である。ワインの科学的管理と装置産業化による、ドイツの「フレッシュ・アンド・フルーティ

図表6　20世紀後半のワインの発展段階

〜1950年代	銘醸地が確定していた頃	産地の時代
1960年代	フレッシュ・アンド・フルーティー 束の間の栄光	技術の時代
1970年代	ヴァラエタルワインの勃興	品種の時代
1980年代	新古典派の反撃	テロワールの時代
1990年代	ミクロクリマは人だ！	つくり手の時代

［出所］麻井（2001）『ワインづくりの思想』

ー」な白ワインの登場である。モーゼル地方のリースリングの白ワインは、日本でも人気が高かった。ご年配の方なら「シュヴァルツ・カッツ」や「マドンナ」などの製品には聞き覚えがあるのではなかろうか。

第2波は「品種の時代」である。代表的なブドウ品種の世界的拡散と、地名ではなく品種名を冠したワイン（ヴァラエタルワイン）が登場した。その先駆けはカリフォルニアである。カベルネ・ソーヴィニヨン、ピノ・ノワール、シャルドネなどは、もはやボルドーやブルゴーニュの独壇場ではなくなった。アルゼンチン、チリ、オーストラリア、ニュージーランドなどの「新世界」ワインが後に続いている。

第3波が「テロワールの時代」である。それは、一言でいうと「不動の銘醸地」の地位を脅かされたブルゴーニュが持ち出した「究極の差別化の論理」である。技術は移転する。品種も拡散する。しかし、絶対に動かしえないもの、それが土地そのものである、と麻井は言う。「よいワインにテロワールの説明など必要ない……テロワールという概念は、よいワインが生まれてから、ずっと後になって出来上がった」。

筆者は、麻井の考えに同意する。本節見出しの「テロワールの二面性」とは、一面では、それは「ブドウ畑の総合的な自然環境を表現する言葉」であり科学の用語である。しかし、他面では、それは産地間競争にさらされた銘醸地の「究極の差別化」のためのレトリックである。この二面性に留意しない「テロワール」の語の濫用は慎むべきと考える。ちなみに、この観点からは、日本酒で「テロワール」を語るのは、ほぼ無意味であり、語りたいなら日本語で表現すべし、というのが筆者の意見である。

現代は「つくり手の時代」である。産地がどこであろうと、平均的なワインは誰にでも造れるようになった。大切なことは、自分の立つ畑の現実と、自分の抱くワインの理想像との架け橋を渡す、経験的知識の応用である。同じ「テロワール」から平凡なワインも非凡なワインも生まれる。それを分けるものは、つくり手の哲学、知識、スキル、行動である。

こう語ることにより麻井は、日本というけっして恵まれたといえない「テロワール」で、欧米のようなワイン造りは無理だという「宿命的風土論」から脱却する必要性を説いた。この言葉により、非凡なワイン造りを目指す日本の若いつくり手たちを鼓舞しようとしたのだ。

長期的互酬性か、市場創出戦略か

これまで論じてきた日本ワインの展開を、経済学の観点からどのように解釈できるだろうか。いったいなぜ、直接的な見返りがないのに、先導者たちは、努力の末に編み出した製法までをも後続者に開示し教えようとするのだろうか。

これは「長期的互酬性」の現れと差しあたりいえる。そのポイントは、他者との関係性が単発的ではなく長期間続くと予想される（「無限繰り返しゲーム」である）場合に、その長期的な関係性から生まれる将来の利益を考慮して、協力的な行動が促されるということである（Bó 2005）。

つまり、短期的な関係しかなければ、人は短期の自己利益を最大限に追求する行動をとる。協力は生まれない。しかし、将来も関係が続くと考えると協力的行動が生まれうる。

以上は、「合理的個人」を前提にしたミクロ経済学からの、いわば正統的解釈である。だが、ワインにおける協力をこの観点だけから説明するのには無理がある。麻井宇介はなぜ、桔梗ヶ原のブドウ農家たちにメルローへの転換を説得したのか。麻井はなぜ、社外の若者たちにもワイン造りの思想と技術を積極的に開示したのか。そこには、甘味果実酒の時代が終わり、品種転換をせざるをえないという喫緊の問題を解決する必要があったことは疑いない。しかし、その先に、世界のワイン市場に打って出ることのできる「日本ワイン」という新しい市場を生み出す「構想と戦略」があったと解釈できる。

日本には、その気候風土に適した甲州やマスカット・ベーリーAがある。しかし、それだけでは、国内市場を広げることも、海外に打って出ることもむずかしい。国内のワイン愛好家は海外ワインを好み、海外では日本ワインの国際的知名度はまだ低いからである。

そこで必要となるのは、欧州種と日本固有種との双方を国内の製品ポートフォリオにもつことである。そうすれば、従来は海外ワインだけを購入していた顧客を日本ワインの顧客にする（国内市場の拡大）こともできるし、海外市場を開拓することも可能となる。

「桔梗ヶ原メルロー」が「リュブリアーナ国際ワインコンクール」の大金賞を獲得できたことは僥倖（ぎょうこう）かもしれない。しかし、林農園の林幹雄がメルローの可能性を麻井に教え、麻井は会社内外の若者たちにさまざまな欧州種を教え、その教え子たちがさらに新規参入者たちに教えるという連鎖の中で、教える・協力するという行為が、日本ワインの市場を創出し拡大させた原動力である、と筆者は強く考える。

第3章　梅酒

古くて新しいお酒

梅酒とは、ホワイトリカーなどのベース酒類に青梅と砂糖を漬け込み熟成させた酒である。ここでホワイトリカーとは、連続式蒸留機で蒸留したアルコール度数が36度未満の焼酎を指す。

２０１８年度の酒類課税移出数量で首位のビールに肉薄し、２０１９年度にビールを追い抜いたのは「リキュール」であった。しかし、政府統計ではリキュールの中身は開示されていない。その中の大きな割合を占めるのが、「新ジャンル」（第３のビール）とＲＴＤ（リキュール規格のチューハイなど）と思われる。梅酒もリキュールの重要な一角を占める。

梅酒の歴史と製法

梅の起源は古く、6〜7世紀頃の唐の時代に中国から渡来した。梅酒のレシピが文献で確認できるのは、１６９７年（元禄10年。江戸時代中期）刊行の人見必大（ひつだい）著『本朝食鑑』である。

つくり方は、明星（2019）のまとめによれば、「灰汁（あく）に一晩浸した青梅を酒で洗ったものに、古酒と白砂糖を合わせてかき混ぜ、甕(かめ)に収める」とある。通常の清酒のアルコール度数では不足するので、清酒の古酒を使ったと推測される。なお、当時は砂糖が高価であったため、庶民が容易に飲めるものではなかった。

明治期に入り、酒や砂糖の流通が増しても、酒税確保の観点から家庭での梅酒づくりも禁止されていた。もちろん、梅酒づくりは、ずっと家庭内では行われていたはずだ。ただ、厳密にいえば、酒類に他の物品を混和すると「みなし製造」に当たる。つまり、密造になる。法的に家庭での梅酒づくりが正式に認められたのは、高度経済成長期に入った1962年になってからのことである。この結果、ホームリカー・ブームが訪れ、梅酒はその中心的な存在となった。

個人的な経験でも、かつて、6月に青梅が青果店の店頭に並ぶと、梅酒を今は亡き母が嬉々としてつくっていた姿を思い出す。貯蔵するのは真夏だから、家の最も涼しい場所（床下など）に保管されていた。

梅酒の製法は、**図表1**のとおり、きわめてシンプルである。青梅を砂糖とともに酒類に漬け込む。これをタンクで熟成させ、ブレンド、滓下げ、濾過して、瓶詰め

図表1　梅酒の製造工程

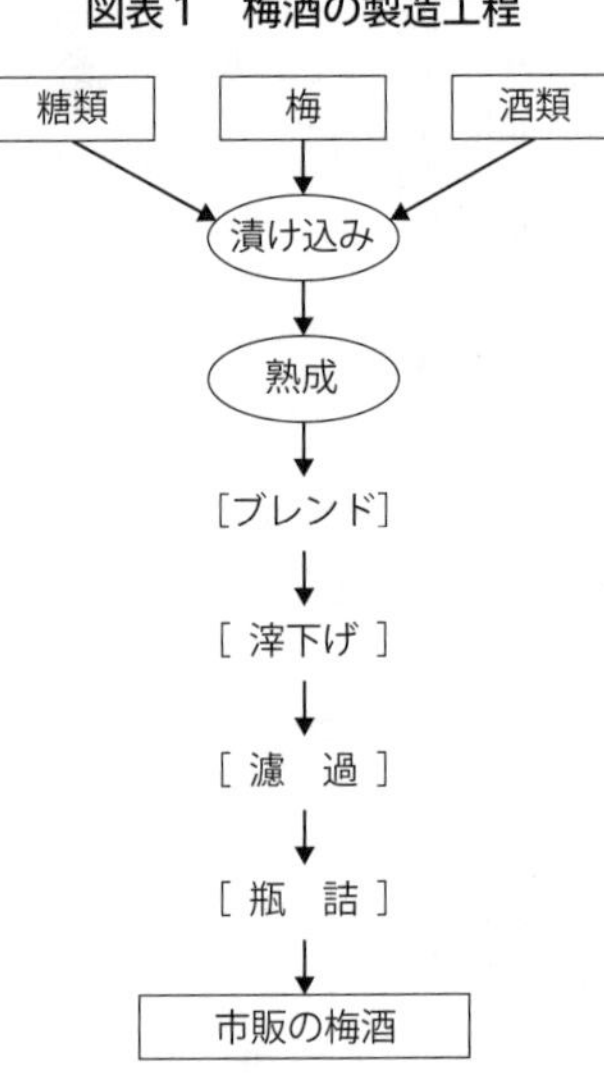

［出所］チョーヤ梅酒株式会社提供資料

にする。

ただし、ベースとなる酒類は多様である。もともとは、ホワイトリカー（連続式蒸留焼酎）だけだったが、今では、単式蒸留焼酎（本格焼酎と泡盛）、ブランデー、ウイスキー、日本酒など幅広い。こうしたベース酒類の多様化は、後に触れる。

梅酒の魅力

前述のように、梅は中国から渡来した。しかし、中国では今でも梅の品種は10～20種程度だが、現在の日本には３００種類以上の品種があるという。代表的な品種として、「南高梅」（和歌山県）、「白加賀」（群馬県）、「豊後大山梅」（大分県）、「竜峡小梅」（長野県）などがある（柑出版社編2011）。原産国にはない「梅への愛」が日本にはある。桜と同じように観賞用として花を愛でるための「花梅」と、果実の収穫のための「実梅」との両方が栽培されてきたからである。

梅酒はリキュールである。リキュールとは、蒸留酒に果実やハーブなどの副原料を加えて香味を移し、砂糖などを添加したお酒である。

世界にリキュールはあまたある。果実系としては「ルジェ クレーム ド カシス」、ハーブ系では「カンパリ」、ナッツ系では「カルーア」、それ以外では「ベイリーズ」などが有名な銘柄であろう。

これらは、ソーダ割りなどで飲まれるが、やはりカクテルのベースとして使われることが多いのではないか。少なくとも日本では、ストレートやロックで飲むことはあまりない。

これに対し、梅酒は、ストレートやロックが主体であり、カクテルのベースになることはほとんどない。和食の食前酒として飲まれることも多い。海外でいえば、シャンパンやシェリー酒が食前酒であるのに相当する。

カクテルがバーのお酒とすれば、梅酒は食卓のお酒である。正装ではなく普段着のお酒といってもいい。ビールが苦手な人にも、氷を浮かべた梅酒は、料理の前の一服の清涼飲料であろう。

梅酒の市場構造

梅酒市場の最大の特徴は、そもそも「市場が存在しなかった」ということにある。梅酒は家庭でつくるものであって、買うものではなかった。その通念は、チョーヤ梅酒株式会社が梅酒の市販（1959年）をはじめてからも長く続いた。

時代の潮目が変わったのは、1975年頃である。その背景には核家族化があり、従来、家庭内で生産されていた財・サービスが市場化されたからだろう。これは、イノベーション理論を確立した経済学者シュンペーターや一橋大学の元学長で経済学者の都留重人が唱えた、「所得介入」現象（家事などの非市場的活動を市場化すること）の典型例である。もうひとつの典型例を挙げるなら、漬物（ぬか漬けなど）であろう。漬物は家庭内で漬けるものからスーパーで買うものになったからである。

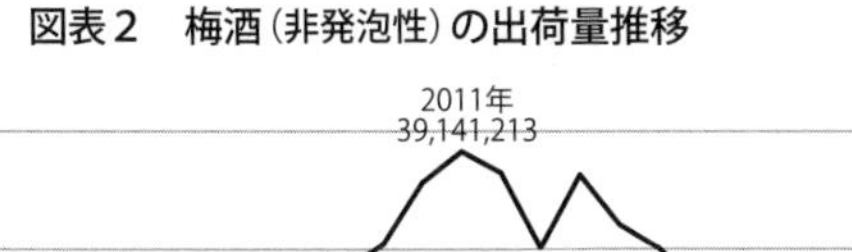

図表２　梅酒（非発泡性）の出荷量推移

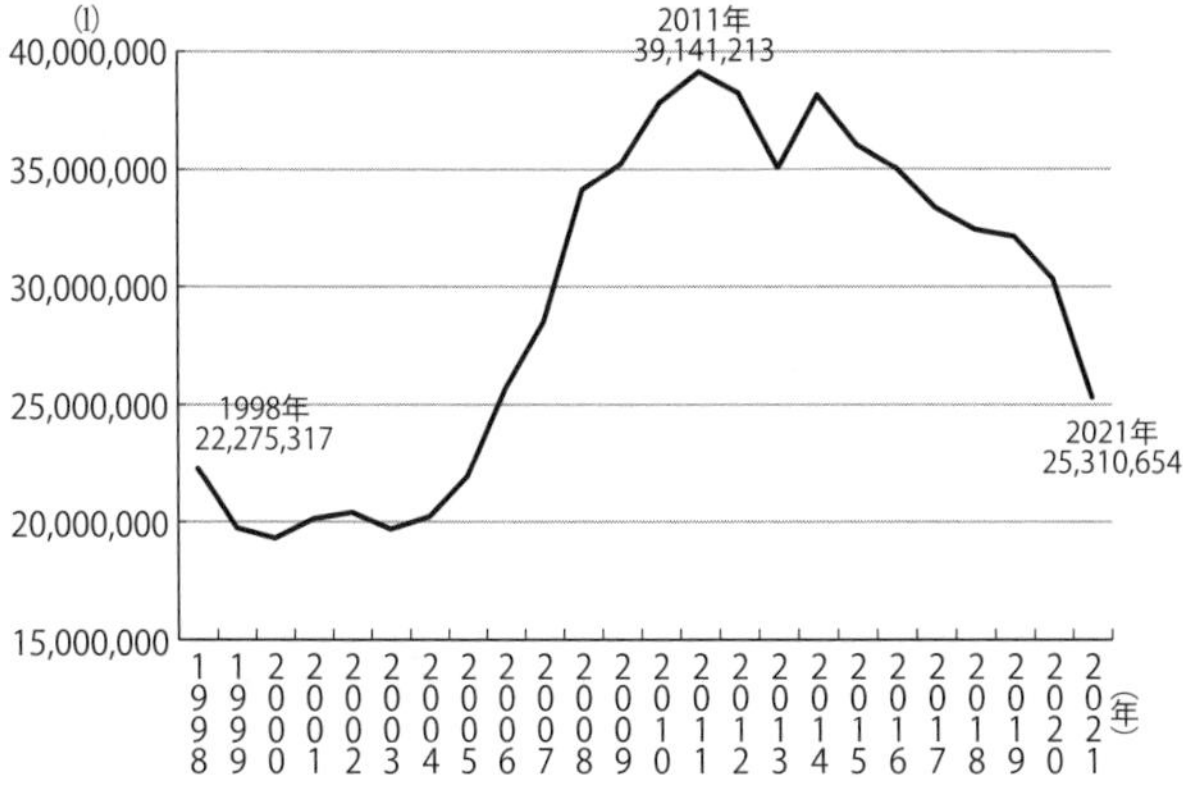

［出所］日本洋酒酒造組合
http://www.yoshu.or.jp/statistics_legal/statistics/index.html

以後、梅酒市場は着実に拡大していく。日本洋酒酒造組合の資料によれば、梅酒（非発泡性）の出荷量は１９９８年の約２万キロリットルから、２０１１年の約４万キロリットルとほぼ倍増した（**図表２**）。ただ、２０１２年からは減少傾向にある。これは酒類出荷量全体の減少幅よりも大きく、ジンなどの競争相手が増えた結果と思われる。

なお、梅酒の出荷量がピークに達した２０１１年の上位10社は、**図表３**（左）のとおりである。梅酒の専業もしくは梅酒がメインの企業は、チョーヤ梅酒株式会社（大阪府羽曳野市）と

図表3　梅酒の企業別出荷量（上位10社，2011年と2020年）

2011年		出荷量（kl）	推定シェア
1	サントリー	10,590	27.1%
2	チョーヤ梅酒	9,422	24.1%
3	キリンビール	4,179	10.7%
4	オエノン	3,371	8.6%
5	中野BC（推計）	3,000	7.7%
6	アサヒ	1,717	4.4%
7	白鶴酒造	750	1.9%
8	宝酒造	745	1.9%
9	キッコーマン	645	1.6%
10	サッポロ	583	1.5%

［出所］喜多常夫氏提供資料

2020年		出荷量（kl）	推定シェア
1	チョーヤ梅酒	6,600	21.3%
2	メルシャン	5,790	18.7%
3	サントリー	5,480	17.7%
4	オエノン	2,540	8.2%
5	サッポロ	1,700	5.5%
6	アサヒ	905	2.9%
7	白鶴酒造	540	1.7%
8	清洲桜醸造	380	1.2%
9	宝酒造	300	1.0%
10	小堀酒造店	260	0.8%

［出所］『酒類食品統計月報』2021年6月号
ただし，中野BCのデータは公表されていない

中野ＢＣ株式会社（和歌山県海南市。ＢＣとは、Biochemical Creation の略で、「生化学の創造」という意味）である。中野ＢＣの２０２０年の数値は非公表のためランクインはしていないが、取材した感触では10位以内に入っているのは間違いないだろう。

梅酒の開拓者　チョーヤ梅酒株式会社

日本一の超高層ビル「あべのハルカス」の地階、大阪阿部野橋駅を出発する近鉄南大阪線はユニークな路線だ。世界的なブランドショップが立ち並ぶ光景から昭和の情景に一気に連れ戻される。

20分ほど電車に揺られると、のどかな田

園風景が広がってくる。しかも、急行が停まる古市駅で、列車は後部車両を切り離す。これには2つの理由がある。ひとつは、路線が近鉄長野線と分岐するためである。もうひとつは、古市駅より先の駅はホームが短いので、長い列車を停めることができないためだ。

チョーヤ梅酒株式会社の本社最寄り駅、近鉄駒ヶ谷駅は、古市駅の次の駅で無人駅である。しかも、世界的にも有名なチョーヤ梅酒の本社にしては、建物が小さいし質素である。この、のどかな田園風景と質素な本社ビルこそ、実はチョーヤ梅酒の企業活動の本質を表している。

チョーヤ梅酒のルーツは、創業者である金銅住太郎のブドウ栽培と生ブドウ酒の醸造・販売（1924年）にさかのぼる。明治時代から大阪の柏原、駒ヶ谷一帯ではブドウの栽培が行われており、昭和の初めは日本最大の出荷量であった。だから、住太郎がワイン醸造を手がけたのは、自然な流れであった。なお、現在でも、駒ヶ谷一帯にはブドウ畑が広がっている。収穫期には、観光農園に家族連れなどが押し寄せるという。

しかし、ワインの本場ボルドーを視察した住太郎は、ボルドーのワインが、自社製品よりも低コストで美味しいことに衝撃を受ける。「ワインはやがて海外から輸入される。ワインだけに頼ることは危険だ」と察知し、自社に戻ると、ワイン以外の独自の商品開発を3人の息子たちに委ねた。慧眼である。

たどり着いたのは、次の3つの条件、つまり、①国内で手がけられていない商品、②将来、海外で販売可能な商品、③身近で親しみやすい商品、を開発することだった。長い議論の末に出た答えが「梅酒」だった。

1959年から梅酒の製造・販売をはじめ、1962年に蝶矢洋酒醸造株式会社を設立した。しかし、その後、苦難の日々が続いた。梅酒は、たしかに①から③の条件を充たしたが、販路の開拓にはとても苦労した。酒販店に営業をかけても、返ってくる答えはいつも同じで、「家庭でつくるものを買う人はいない」だった。

先に述べたように、1975年頃から潮目が変わるのだが、そのときにチョーヤ梅酒が採った戦略は、徹底したCMの活用であった。1972年のミヤコ蝶々を第1弾として、当時の売れっ子女優を使うテレビCMをチョーヤ梅酒は打ち続けた。

高橋恵子、風吹ジュン、黒木瞳、宮﨑あおい、など旬の人を多数起用している。

筆者が驚いたのは、広告宣伝費に莫大な費用をかけていることだった。

サントリーも、寿屋宣伝部以来のＣＭ巧者である（山口・開高 2003）。古くは「サントリーオールド」、新しくは「角ハイボール」などのＣＭは、名作であるとともに、多大な販売促進効果があったと考える。

チョーヤ梅酒のテレビＣＭは、売り上げだけではなく、同社のブランド価値を上げることを目的とする。先に挙げた、ＮＨＫ朝ドラ出演のタレントなどを起用し、ターゲットを女性や健康重視派、自然志向派などに定めている。

チョーヤ梅酒の売上高は１３７億円（２０２０年）である。筆者の試算では、年間の媒体広告費は10億円を優に超えているだろう。売上高の３パーセント（チョーヤ梅酒の場合は約４億円）が広告費という業界標準からみて、チョーヤ梅酒は破格の力の入れようである。この原資は徹底した経費削減から捻出されたものと推測される。豪華な本社ビルを建てるという選択肢はなかった。本社が質素なのはこのためである。

しかし、こうした努力により、「家庭でつくるもの」を市場で取引する商品に変えて、さらには巨大な市場を創り出したチョーヤ梅酒の貢献は大きい（2021年3月18日調査実施）。

垂直的製品差別化

チョーヤ梅酒の事例は、経済学（産業組織論）の視点から「垂直的製品差別化」と位置づけることができる。

一般に、消費者の製品に対する選好度や、製品の品質（機能）の高低は多様である。高い品質を求める消費者もいる一方で、そこそこの品質で満足する消費者も存在する。しかし、買うか買わないかの意思決定には、製品の価格が大きく影響する。

選好度の指標×品質の指標から価格を差し引いたものを、純利得という。これがプラスの値をとる消費者は、その製品の購入者となる。

チョーヤ梅酒は、こうした純利得がプラスの消費者にフォーカスしたと解釈できる。しかし、問題は、梅酒市場が拡大すると新規参入者が現れることにある。

実際、大手酒類メーカーが続々と梅酒に参入してきた。その際の戦略は、そここの品質（原価の高い梅の使用量を減らし、香料と酸味料で梅の香りを付けて、原価を下げた梅酒）で満足する消費者にアピールするために、販売価格を引き下げて、純利得がプラスの消費者層を拡大させることだ。これが垂直的製品差別化である。事実、大手酒類メーカーの製品は、チョーヤ梅酒の製品の半額以下で販売され、梅酒市場でほぼ100パーセントに近いシェアを握っていたチョーヤ梅酒のシェアを3割程度にまで押し下げ続けた。

この場合、チョーヤ梅酒の採りうる対抗戦略は2つである。ひとつは、自らもそこそこの品質と低価格の製品を投入して、新規参入者と競争することである。もうひとつは、シェアの低下には目をつぶって、高品質・高価格路線を続けることである。チョーヤ梅酒の採った戦略は後者であった。

後者の戦略は、経済学的には正しい。なぜなら、財務力で圧倒的な差がある大手酒類メーカーとの「真っ向勝負」の価格競争は、自らを疲弊させるだけだからである。

図表4　チョーヤ梅酒株式会社の売上高推移

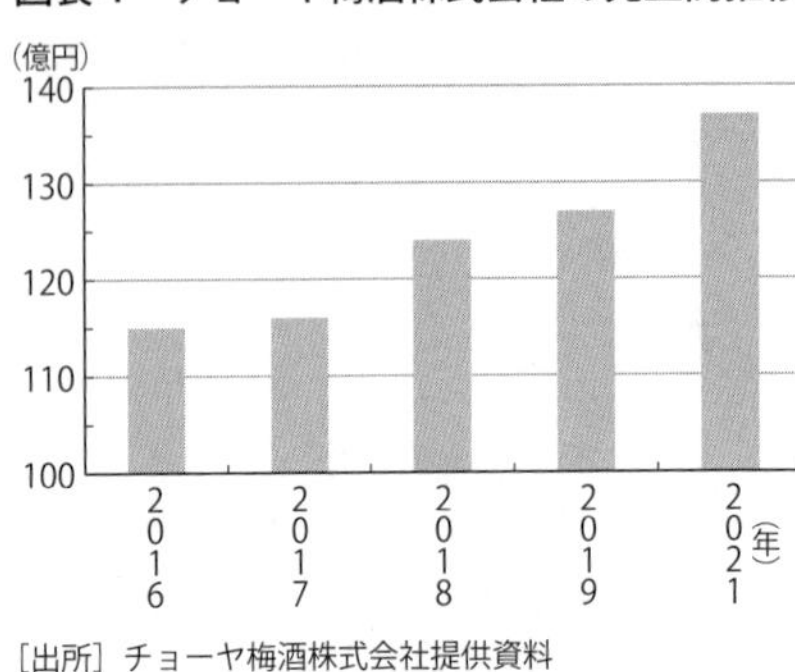

［出所］チョーヤ梅酒株式会社提供資料

だが、それは「理論的な正しさ」であっても、売り場の「棚の尺を争う」営業社員にとっては「受け入れがたい現実」であった。実際、高品質・高価格路線の堅持を唱える経営陣と低価格品への転換を唱える社員たちとの間には、激しい軋轢があったという。しかし、「その市場ポジションは、われわれの行くべき場所ではない」という経営陣の判断は揺るぐことはなかった。

その経営判断は正しかった。その後、チョーヤ梅酒は紀州産南高梅、砂糖、連続式蒸留焼酎だけを使う梅酒にこだわり、他社との製品差別化を明確にした。その結果、シェア20パーセント程度でトップを維持し、売上高も伸ばしている（**図表4**）。

また、先の基準条件の「②将来、海外で販売可能な商品」も、チョーヤ梅酒はクリアしている。現在、世界で70以上の国・地域に輸出している。主な輸出先は、米国、中国、香港であり、売上高に占める輸出比率は約30パーセントというから、酒類メーカーとして輸出比率はきわめて高い。

なお、２０１５年に日本洋酒酒造組合の「梅酒の特定の事項に関する自主基準」が設定され、梅、糖類、酒類のみを原料とし他の添加物を含まない梅酒を「本格梅酒」と呼称するようになった。

梅起点ビジネスの展開者　中野ＢＣ株式会社

きのくに線（紀勢本線）の特急「くろしお号」で、天王寺から1時間ほどの和歌山県海南市に中野ＢＣ株式会社はある。創業者は中野利生（としお）で、１９３２年に醤油醸造から出発した。同社は、次第に、焼酎、日本酒、果実酒に手を広げ、１９７９年に梅酒に参入した。２００２年に中野ＢＣと社名変更している。売上高は24億８０００万円（２０１７年）、従業員数１１４名（２０２２年）である。

同社の事業部門は、「酒造」「ヘルスケア」「うめ果汁」「観光」「研究」の５つからなる。この部門を貫く鍵概念（キーコンセプト）は「和歌山県産の梅」である。

これまでみてきたように、梅酒市場にはチョーヤ梅酒という先行者がおり、大手酒類メーカーも多数参入している。

梅酒における中野BCの戦略は、「本格梅酒」をも手がけつつ、副原料にさまざまな果汁を使う「カクテル梅酒」の展開にある。その代表作は「紀州のゆず梅酒」（2006年発売）であろう。製法は、和歌山県産の南高梅を使う梅酒に、ゆず果汁を冷凍せずそのままのフレッシュな状態で混ぜるというものであり、香料などは使わない。そのほかに「緑茶梅酒」「レモン梅酒」「蜂蜜梅酒」などがある。なおチョーヤ梅酒の製品は一般消費者向け（B to C：Business to Customer）が多いのに対し、中野BCの製品は飲食店向け（B to B：Business to Business）が多いという棲み分けがある。

梅酒における中野BCの強みは、地理的表示「GI和歌山梅酒」を謳えるアイテムを多数もっていることである。

中野BCのもうひとつの強みは、和歌山県産の梅を用いた研究開発である。このために社内にリサーチセンター食品科学研究所を設け、梅の成分分析などの基礎研究を製品開発につなげている。Biochemical Creationという社名の由来でもある。

具体的な研究実績としては、梅エキスの成分である「ムメフラール」に、インフルエンザ・ウイルスに対する予防効果があることを明らかにした。英語論文を国際学術雑誌 *Food Chemistry* の127号（2011年）に掲載したことは特筆に値する。また、梅エキスには、血流改善の効果もあることから、血圧が高めの人向けの機能性表示食品の「うめ効果」「うめ効果ゼリー」などを開発している。梅果汁製品のシェアは、70〜80パーセントを占めている（2021年3月18日調査実施）。

こうした中野BC株式会社の事例をどう解釈するかは、後に述べよう。

「本格梅酒」への酒類メーカーの参入

梅酒市場が拡大するにつれて、大手酒類メーカーが低価格の製品で市場に参入したことはすでに述べた。加えて、高品質・高価格の「本格梅酒」にも酒類メーカーの参入がはじまった。その多くは、チョーヤ梅酒とはベース酒類を異にする製品である。チョーヤ梅酒のベース酒類は、先に述べたように、連続式蒸留焼酎（ホワイトリカー）で無味無臭である。これは、梅の風味をそのまま引き出すのは無味無臭のホワイトリカーがいいというチョーヤ梅酒の判断である。

これに対して、無味無臭ではないベース酒類を使う「本格梅酒」が登場した。例を挙げよう。単式蒸留焼酎を使う梅酒として、芋焼酎の「貴匠蔵梅酒」（本坊酒造）、米焼酎の「角玉梅酒」（佐多宗二商店）、麦焼酎の「梅萬」（藤居醸造）。ブランデーやウイスキーを使う梅酒として、ブランデーの「梅香・熟成梅酒」（明利酒類）やウイスキーの「マツイ梅酒・ウイスキー仕込み」（松井酒造）。さらに日本酒を使う梅酒としては、「大七生酛梅酒」（大七酒造）、「加茂鶴純米酒仕込み梅酒」（加茂鶴酒造）などがある。

これらの製品の価格は、チョーヤ梅酒のフラグシップ商品「The CHOYA」と同等、もしくはより高価である。

これに対するチョーヤ梅酒の対応は、「これはもう、梅酒というより、チョーヤです」というコピーに集約される。つまり梅酒というカテゴリーではなく、チョーヤというブランドを訴求することにある。このために、チョーヤ梅酒は熟成期間別に「The CHOYA」シリーズを出している。製品ごとに梅の使用量も表示する力の入れようである。

こうした高品質・高価格のチョーヤ梅酒とは異なるベース酒類の梅酒の登場は、「水平的製品差別化」と呼ぶことができる。「水平的」というのは、品質や機能面での差はなく、消費者の異なる嗜好に訴えるからである。

しかし、梅酒市場のシェアからみると、それらの高品質・高価格製品をすべて足し上げても、全体の2パーセント程度である（『酒類食品統計月報』2021年6月号）。つまり、チョーヤ梅酒の競合とはいえない。

ここで興味深いのは、先に取り上げた中野BCである。中野BCは水平的な製品差別化をしてはいない。先にみたように、異なるベース酒類を使う製品は、本格焼酎メーカー、ウイスキー・メーカー、日本酒メーカーが提供している。ここに中野BCは位置しない。

種分化(speciation)

中野BCの最大の特徴は、梅という素材の、チョーヤ梅酒が着目しない側面に光を当てることにある。

経済学や経営学では、このケースはまずは「関連多角化」といえそうだ。梅という素材に関連した多角化だからである。しかし、先に述べたように、梅の機能性表示食品や梅果汁には、梅酒の製造技術が活用されているわけではない。この意味で、「関連多角化」というのは正確ではない。

また、市場のニッチ（隙間）に着目しているという意味で、「ニッチ戦略」ともいえる。ニッチ戦略とは、「自社の強みを活かせる、顧客ニーズはあるが対応する商品がない市場を見つけ、他社ができない、あるいはやりたがらない方法で商品を提供して、その市場を独占する」ことである（https://niche-strategy.co.jp/theme272.html 2022年5月8日閲覧）。

ここでは、もう少し別の分析視点から中野BCの事例を考えてみよう。参考になるのは、進化経済学的な観点から技術変化をみる「種分化（speciation）」という概念である（Levinthal 1998）。種分化とは生物学の概念で、異なる環境への適応を通じて、種の多様性が生み出されることである。提唱者であるダニエル・レヴィンタール（ペンシルバニア大学ウォートン・スクール教授）は、無線通信技術が、環境変化に応じて、ひとつの応用領域から他の応用領域へと適応していくプロセスを種分化として捉えている。

無線通信技術の基礎は、ドイツの物理学者であるハインリヒ・ルドルフ・ヘルツ（1857〜94年）によって築かれた。この技術がまず適用されたのは、1890年代の無線電信電報である（応用領域A）。これにより、ケーブルがなくても信号を送ることができるようになった。次は、20世紀初頭のラジオ放送である（応用領域B）。これにより音声や音楽の放送が可能となった。最後に、第2次世界大戦後の無線電話や携帯電話である（応用領域C）。これは軍事目的からはじまり、今日では一般向けかつ日常的に使われている。

つまり、無線通信という基本技術は変わることなく、その適用の仕方が変わり、異なる応用領域を生み出し、今日に至っている。これは、「種」が「分化」していったプロセスと同じだとレヴィンタールは捉えた。

この観点から梅を眺めると、その素材にさまざまな技術を応用しながら、多様な

「種」が「分化」してきたという構図となろう。梅は古来よりあり、他の果実とは異なり生では食べられない。つまり加工技術が必要になる。

そこで、まず梅干しが平安時代に生まれ（応用領域A）、次に梅酒が江戸時代につくられた（応用領域B）。さらに、梅の成分の健康的な側面が着目され、機能性梅製品や梅果汁が開発された（応用領域C）。梅酒を製品化したのがチョーヤ梅酒であり、機能性梅製品や梅果汁を開発したのが中野ＢＣであった。

ただし注意しておきたいのは、応用領域の変化は「遅れた」ものから「進んだ」ものへの発展ではないということだ。平安時代からある梅干しは、現代の梅エキスよりもけっして「遅れた」製品ではない。種が分かれただけである。種分化というのはこういう意味である。

梅に別の可能性が発見されると、この進化プロセスはさらに続くことになる。梅の次なる応用領域を見出すのは、チョーヤ梅酒なのか、中野ＢＣなのか、それとも全く異なるタイプの企業なのか、これは興味深いテーマである。

第4章　日本のジン

クラフトジンの挑戦

「ジン」と聞くと、その人の世代や、バーが好きかどうかによって、ずいぶんとイメージが異なるだろう。

中高年世代にとっては、ジンは、ジントニックなどで気軽に飲める（しかし、チューハイよりはやや都会的な雰囲気の）お酒というイメージと思われる。

バー好きの人にとって、ジンはカクテルのベーススピリッツ（基となる蒸溜酒）である。代表的なカクテルはマティーニやギムレットである。カクテルのベーススピリッツとして、ジンはウオッカと並ぶ二大看板商品といえよう。

この章で取り上げる日本のクラフトジンは、そういう伝統的なジンのイメージを塗り替えた。では、どのように塗り替わったのだろうか。

ジンとは何か

ジンとは、蒸溜されたアルコールにジュニパーベリー（セイヨウネズ）の香り（人工あるいは天然）を付けたお酒である。着色や加糖は可能である。これが最低限のルールである。

図表1　各種ジンの定義と特徴

		ジン	蒸溜ジン	ロンドン・ドライ・ジン
浸漬	アルコール	エチル	エチル	高品質エチル
	着香	可（人工＆天然）	ボタニカルを浸漬	ボタニカルを浸漬
	着色	可	不可	不可
	加糖	可	不可	不可
	食品添加物	可	不可	不可
再蒸溜	再蒸溜	不要（混和のみ）	要	要
	蒸溜器		ポットスチル	ポットスチル
	アルコール度数		規定無し	70%以上
	ボタニカル別の再蒸溜		可	不可
再蒸溜後	着香		可（人工＆天然）	不可
	着色		可	不可
	加糖		可	可（微量）
	食品添加物		可	不可

［出所］日本ジン協会（2019）『ジン大全』

ジンを細かく定義づけすると、「ジン」に加えて製法がより厳格な「蒸溜ジン」と「ロンドン・ドライ・ジン」がある。

図表1にあるように、「ジン」は再蒸溜をしないところが、「蒸溜ジン」や「ロンドン・ドライ・ジン」とは異なる点である。表の右にいくほど規定が厳しくなるのだ。

「蒸溜ジン」はボタニカルをアルコールに浸漬して、それを再蒸溜したものである。着色や加糖は不可である。しかし、再蒸溜後の着香や加糖などは可能である。「ロンドン・ドライ・ジン」は、天然ボタニカルのみを使用でき、再蒸溜後の着香などは許されていない。なお、ここでいう「ロンドン」とはあくまで規格名であって、ロンドンで造られたという意味ではない。

ジンの歴史は古く、その原型は13世紀頃、オランダで薬用酒として飲まれていたものといわれている。これはジンの普及にとって幸運であった。なぜなら、オランダは16世紀から18世紀頃の重商主義の時代における最初の「覇権国」であり、東インド会社を通じて世界に貿易ネットワークを展開していたからである。

やがてジンは英国に渡り、商品として販売されるようになった。粗悪品の氾濫などの混乱期を経て、最初の高品質のジンの製造は、ボンベイ・スピリッツ社（1761年創業）やゴードン社（1769年創業）によってなされた。「ボンベイ・ドライ」や「ゴードン・ロンドン・ドライジン」は、当時のレシピを維持し、現代でも定番中の定番商品である（日本ジン協会2019）。

世界に広がったクラフトジンの市場

産地や素材にこだわったクラフトジンの先駆けは、１９８７年発売の英国の「ボンベイ・サファイア」だった。従来は使用したボタニカルを表示しないのが慣例だったが、「ボンベイ・サファイア」は自らの品質の高さを示すために使用ボタニカルを瓶に絵入りで表示し、当時としては異例の10種類のボタニカルを使用していた。続いたのは、１９９９年発売の「ヘンドリックス」と２０００年発売の「タンカレー・ナンバーテン」（ともに英国）である。前者はバラの花やキュウリのエキスを加えた華やかでさわやかな香りに特徴があり、後者は生の柑橘類を使用し、超小型の蒸溜器で造っている。

さらに、２００８年にドイツで「モンキー47」が発売された。これは47種類のボタニカルを使用し、主に産地シュヴァルツヴァルト（ドイツ南西部の山岳地帯）の素材を使用した。

このように、蒸溜の工夫と、産地の素材の使用で独自性を打ち出すというクラフトジン市場が成立し、拡大していった。これが、日本独自のクラフトジンの登場を後押しした世界的な背景である。

図表2　日本のジン出荷量推移

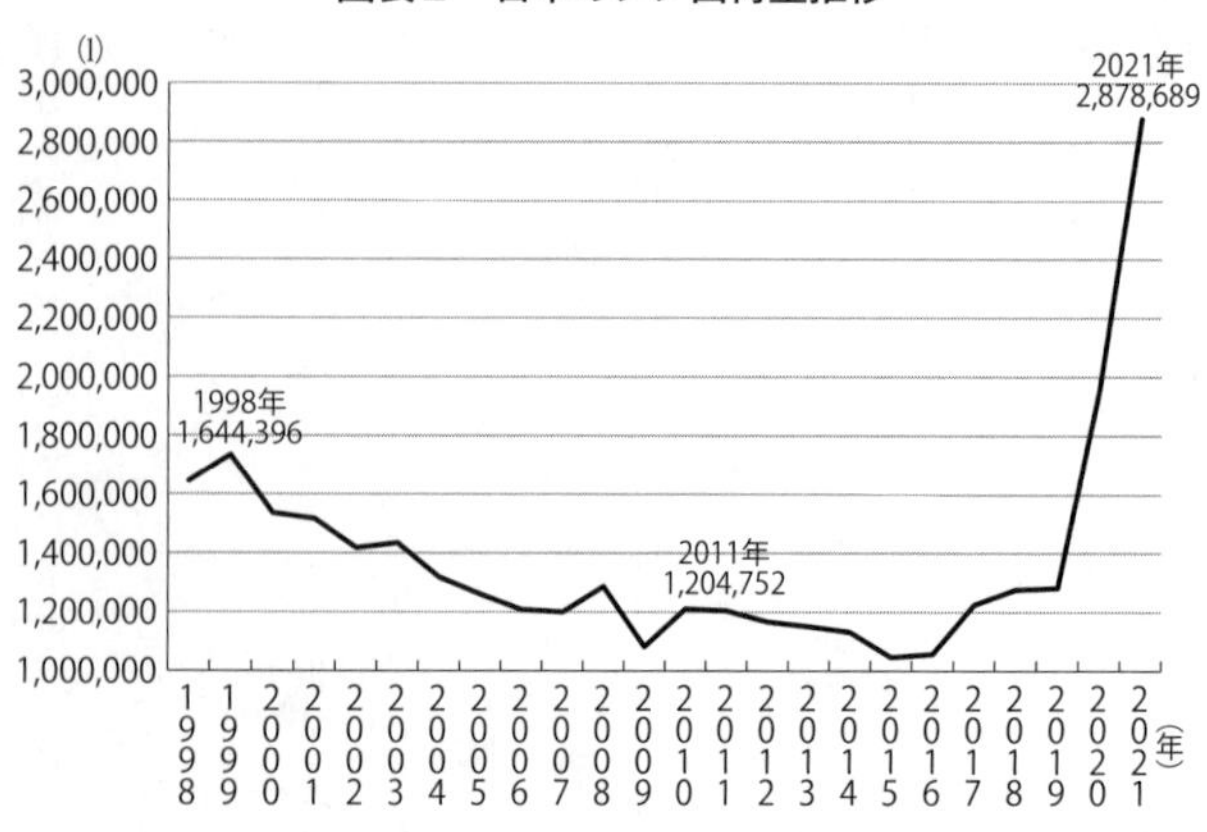

［出所］日本洋酒酒造組合
http://www.yoshu.or.jp/statistics_legal/statistics/index.html

なお、日本国内におけるジンの出荷量も2019年から急速に増大している（**図表2**）。

また、高アルコール系のスピリッツ（ジン、ウォッカ、ラム）に占めるジンの割合も、2016年には、30・5パーセントであったものが、2021年には56・0パーセントに急増している（日本洋酒酒造組合調べ）。

クラフトジンの魅力

クラフトジンの魅力を一言でいえば、多様性と自由度である。伝統的なジンの主な飲み方は、カクテルのベーススピリッツであった。いわばカクテルの名脇役である。

クラフトジンは、さまざまな、そして個性の強いボタニカルを使うため、ストレートやロックでその香味を楽しむことができる。前述の「タンカレー・ナンバーテン」や「モンキー47」、これから取り上げる日本の「季の美」や「ROKU」がその代表である。いわば主役を張っている。

それと同時に、クラフトジンはカクテルを進化させた。なぜなら、伝統的なジンに使われるジュニパーベリーなどの必須ボタニカル以外の、クラフトジンの個性的なボタニカル（柑橘類や茶葉など）を強調するカクテルが、次々と考案されているからである（ブルーム2019、きたおか2020）。

たとえば、ゆずを使うクラフトジンには、ゆずやレモン果汁を加えたマティーニやネグローニが提案されている。いわば名脇役の個性をさらに強調するわけである。

筆者の好みを言わせていただければ、まずは、そのままストレートかロックでいただき、使われているボタニカルの個性を味わう。その後は、ソーダで割って大葉を入れたりして、自由に飲んでいる。また、食中酒でも食後酒としても楽しめる。

クラフト市場の創造者・京都蒸溜所「季の美」

日本のクラフトジンのパイオニアは、京都蒸溜所である。製品名は「季の美」(オープン価格。5000円前後)という。その来歴を手短に振り返ろう。

京都蒸溜所の創業は、英国人のデービッド・クロール、角田紀子クロール、マーチン・ミラーの3名でなされた。会社設立は2014年と比較的新しい。

デービッドは英国の大学卒業後、金融機関の勤務を経て、妻の紀子とともに、英国からのウイスキーの輸入を手がける、株式会社アランジャパンを1998年に創業した。2000年にはウィスク・イーへと改組している。手広くウイスキーを手がけるという意味であろう。

新たにデービッドは、2006年にNumber One Drinksという会社を立ち上げる。その際、共同経営者として英国の『ウイスキーマガジン』元編集長であるマーチン・ミラーを招聘した。そして、秩父で熟成されたウイスキー「イチローズモルト」の海外初輸出のサポートや、軽井沢蒸溜所のウイスキーの輸出、海外の著名なクラフトビールの輸入などを幅広く手がけた。

2001年のニッカウヰスキー「シングルカスク余市10年」、2003年のサントリー「山崎12年」を皮切りに、日本産ウイスキーが国際的に著名な賞の受賞を連発するような時代だった。日本産ウイスキー人気が高まり、在庫不足の状況になった。

ちょうどその頃に、デービッドはマーチンと「造り手としてもトライしてみたい」と思うに至ったのだという。

その際、新規参入が相次いでいたウイスキーではなく、ジンに着目したのは慧眼であった。だが、慧眼だったとは、今から振り返ればいえることである。京都蒸溜所を設立したいきさつをデービッドは次のように述べている。

「これまで手がけてきた軽井沢シリーズのマーケティング活動がひと段落したので、新しいチャレンジの場を探していました。ウイスキーはすでに新しい蒸溜所が生まれているので、まだ日本に存在しないプレミアムジンをつくりたいと思ったのです。理由を見つけては訪ねていた大好きな京都で、2015年始めから物件を探し始め、

6月にこの場所を見つけました」(WHISKY Magazine　２０１６年11月23日、http://whiskymag.jp/ktd　２０２１年7月28日閲覧)。

この場所とは、現在、京都蒸溜所が立地する京都市南区吉祥院である。

その後の展開は速かった。洋酒研究家で、蒸溜酒全般に深い知識をもつ大西正巳(元サントリー山崎蒸溜所工場長)をテクニカルアドバイザーに迎え入れた。さらに、イングランドで各種スピリッツやリキュールを製造しているチェイス蒸溜所や、世界で名だたるコンクールでの受賞歴があり、クラフトジンのコッツウォルズ蒸溜所を経験したアレックス・デービスを、ヘッド・ディスティラーとして招聘した。これで製品開発を進めるメンバーはそろった。

製品開発には、コンセプトの策定、設計、試作という段階がある。「季の美」のケースを述べよう(以下の記述は、京都蒸溜所聞き取り調査、京都蒸溜所社内資料「日本のスーパープレミアム・クラフトジンの「パイオニア」としての「京都ジン・季の美」の開発・生産」およびMeet Recruit「ジンもスタッフもブレンドして良さを引き出す。みんなで挑む日本初のクラフトジンづくり」２０１７年8月24日、https://

www.recruit.co.jp/talks/meet_recruit/2017/08/gl27.html ２０２１年7月30日閲覧、に基づく)。

まずコンセプトの策定にあたって選ばれたキーワードは、「京都」「スーパープレミアム」「クラフトジン」であった。

この中で、「スーパープレミアム」と「クラフトジン」に「京都」をどう織り込むかによって内容が決まってくる。京都の織り込み方は、以下の3つであった。

①従来のジンでは、ベーススピリッツにはトウモロコシや小麦を使うが、米を原料とする。ライススピリッツのジンは世界で初めてであろう。

②多数のボタニカルを事前評価し、京都産の素材を厳選した。海外から調達せざるをえない素材以外は可能な限り京都産にこだわった。

特にこだわったのが、京都産のゆず、宇治茶(玉露・碾茶(抹茶の原料))、綾部産ショウガ、レモン(瀬戸内産と京都産)、山椒、木の芽、赤紫蘇、笹である。しかも、通常のジンとは異なり、乾燥素材でなく生の素材をも使っている。

③ブレンド用の水は、伏見の日本酒「月の桂」製造元の株式会社増田徳兵衛商店

の仕込み水を使用した。ブレンド水の構成比は全体の約54パーセントであるから、味を左右する。軟水の特徴を活かすため、脱ミネラル処理を行わず濾過するだけにしている。

以上のような京都産の素材をメインにして、製法には2つの工夫を加えた。

①ボタニカルを6つのグループに分けて、それぞれ別に浸漬・蒸溜して、6種類の原酒を造り、それをブレンドして後熟（微妙な香りや味わいをもたらすための念入りな熟成）させる。

②蒸溜に際して、前溜・中溜・後溜のどこでカットするかは人の官能評価で決める。

「季の美」が世に出たのは、2016年10月であった。現在は、「季の美」「季のTEA」「季の美勢」という3商品カテゴリーを展開している。

「季の美」は、国産クラフトジンのパイオニアであったから、メディアの注目を浴びて新聞、雑誌、テレビなどの媒体に数多く取り上げられた。また国際的な受賞も多く、IWSC（インターナショナル・ワイン・アンド・スピリッツ・コンペティション）2018の「最高賞」などを受賞している。

その意味では幸運な船出であり、広告媒体費を使うことなくメディアへの露出が多かった。もちろん、地道な販売促進活動も同時に行った。銀座のバーを回り、東京インターナショナル・バー・ショーなどの各種イベントへ積極的に参加した。

オーナーであるデービッドが自らホテルのバーを訪問したり、蒸溜所のメンバーをバーに出向かせる活動も重視していたという。エンドユーザー（最終消費者）への接触が重要と考えたからである。他方、海外市場でのプレゼンスも重視していて、30か国程度に輸出している。米国、オーストラリア、英国、シンガポール、ドイツなどが上位国である。

また、2020年3月にフランスに本社のあるペルノ・リカール社と資本提携を行い、営業・販売ルートはペルノ・リカール社のネットワークを利用できるようになった。これが海外輸出にさらなるプラスの効果をもつことは疑いない。

現在、日本ではビール市場を中心に「クラフト」という言葉が氾濫しているが、今後は、選別されていくことになる。単なる「地域性と少量生産＝クラフト」では通用しなくなる。京都蒸溜所はそう考えているのだ。

結局のところ、素材の厳選、蒸溜とブレンド、品質の一貫性を維持し、それを明確なストーリーとして発信することが、クラフト市場での競争力の源泉であると語ってくれた（2021年3月19日および7月8日調査実施）。

巨大市場開拓者・サントリー「ROKU」「翠」

サントリーのジンを語るとき、バーボンウイスキーで有名なアメリカの蒸溜酒最大手ビーム社の買収（2014年）、という出来事を外すことはできない。その前に、サントリーにおけるジンの歴史を眺めておこう。

サントリーによるジン造りの歴史は、第2次世界大戦前の1936年「ヘルメスドライジン」にさかのぼる。

1899年に鳥井商店を創業した鳥井信治郎は、1907年に甘味果実酒「赤玉ポートワイン」で大ヒットを飛ばし、1929年には日本初の本格ウイスキー「白札」を、1937年に「角瓶」を発売した。そして、「ヘルメスドライジン」は、東京や大阪でのバー文化の興隆とともに、カクテル用に開発され販売に至った。戦後期はさらに、1964年に「サントリージン」、1980年に「ドライジンエクストラ」、1995年に「アイスジン」をそれぞれ投入していく。

だが、日本の蒸溜酒の世界では、1980年代に麦焼酎ブームが出現し、2000年代には芋焼酎ブームが加速した。それゆえ、強敵に囲まれたジンは細々とした商売にならざるをえなかった。

しかし、継続されたことによってジンの基盤技術（浸漬、蒸溜、ブレンド）のさらなる発展を促し、各種の原酒の蓄積をもたらした。この歴史的蓄積があったからこそ、クラフトジン「ROKU」の開発が可能であったことは疑いない。

だが同時に、2014年のビーム社の買収がなければ、「ROKU」の開発がはじまらなかったこともまた事実である（以下、サントリースピリッツ株式会社への聞き取り調査による）。

ビームサントリーの成立（2014年）は、ビーム社のグローバル流通網の取得をはじめとして、各種の利益をサントリーにもたらした。とりわけ、ビーム社との製品開発面での協業の、米国向けの初の成果としてウイスキー「TOKI」、そして世界向けの初の成果としてクラフトジン「ROKU」、が重要である。

「ROKU」の開発は、2015年5月にはじまった。「サントリーのポートフォリオにはない製品をつくる」を合言葉に、ビームのチームと協議しながらホワイトスピリッツのジンとウオッカに絞り込んだ。

その際、従来の巨大ジンメーカーとは違う流れ（小規模蒸溜所によるクラフトジン）が欧米で出てきていることから、そこに焦点を当てることにサントリーと米国・豪州・欧州のビームのチームが合意して開発がはじまった。

定型的なジンに何を加えるか。模索した結論は、日本の素材を取り入れたジンであった。

ただし、日本の素材を取り入れるという考え方にビームのチームは同意できても、桜の花や煎茶と玉露の味の違いや、それを使う意味がわからなかった。そこを徹底的な議論や日本に招いての実体験を通じて、日本の四季や日本的な香りを表現する6つのボタニカル（桜花、桜葉、煎茶、玉露、山椒、ゆず）に絞り込んでいった。

私見では、欧米人を日本に呼んで実体験させるこのプロセスにこそ重要な意味が

図表3　国産ジンの製法

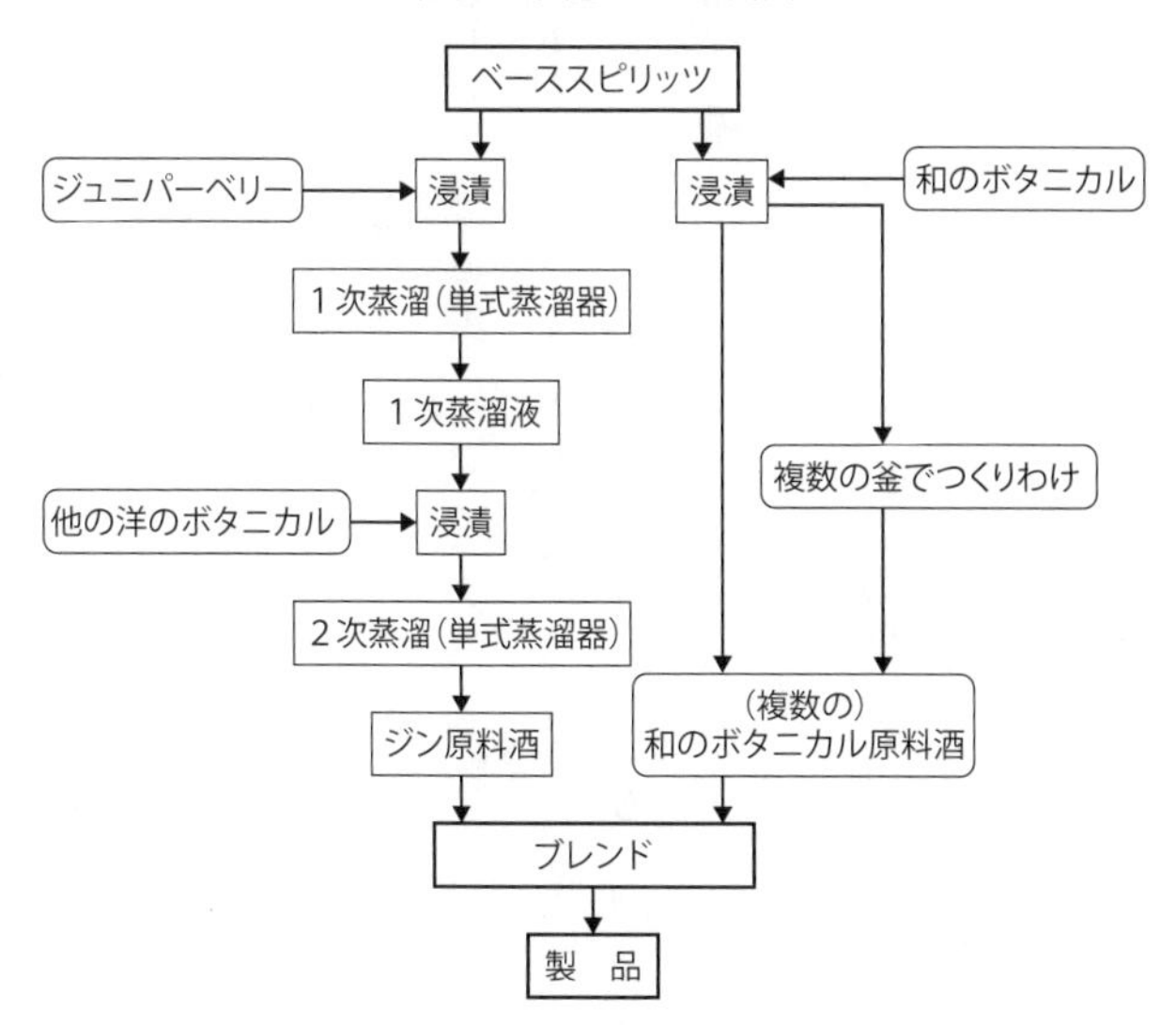

[出所] サントリースピリッツ株式会社への聞き取り調査に基づき筆者作成

あったのではないかと思う。というのも、なぜ、それらの素材を使うのか、なぜそれらが「日本」を表現するのかを、文化的な背景を含めてかみ砕いて英語で説明し、納得を得ることを迫られたからである。このことは「ROKU」の海外展開には不可欠の経験であったといえよう。

製法上の特徴は次の3つである（**図表3**）。

①和のボタニカルは別個に浸漬・蒸溜し、複数の原料酒

を造る。
②洋のボタニカルは、まずジュニパーベリーを浸漬・蒸溜した1次蒸溜液に、他のボタニカルをまとめて浸漬して2次蒸溜し、原料酒を造る。
③最後にジン原料酒をブレンドする。

この製法は合理的である。なぜなら、和の素材を「必要最小限」に絞り込み日本らしい味わいを生み出しながら、全国から素材を調達できるからである。

「ROKU」の発売日は、2017年7月であった（希望小売価格4000円〔税別〕）。きわめて順調な売れ行きである。国内では、2017年の2000ケース（8・4リットル換算）から2020年の9000ケースへと4・5倍増であり、2020年のプレミアム価格帯でのシェアは50パーセント弱で、第1位である。

より注目すべきは、世界市場における「ROKU」の販売で、2019年におけるプレミアム価格帯では世界第3位にランクされている。第1位がプレミアムジンの先駆けとなった英国の「ヘンドリックス」で、2位が同じく英国の「タンカレー・ナンバーテン」であることをみると、圧倒的な「垂直立ち上げ」といえるだろう。

輸出先の第1位はオーストラリア、第2位は米国、第3位は英国とドイツである。輸出にはビームの流通網を使っている。ウイスキーとの相乗効果もある。「山崎」や「響」のネームバリューは大きいといえよう。

サントリーは、プレミアム価格帯の「ROKU」だけでは、ジン市場の活性化にはつながらないと考えて、2019年からスタンダード価格帯の「翠」の開発に着手した。洋のボタニカルの原料酒は同じであるが、和のボタニカルを3種類（ゆず、緑茶、ショウガ）に絞り込んでいる。この絞り込みが原価低減を可能にした（「翠」1380円〔税別〕）。

「翠」の基本コンセプトは、「食事に合わせるジン」である。開発担当者の言葉を使えば、「二兎を追う者は一兎をも得ず」。つまり、バーを目指さないで、飲食店と家飲み需要に焦点を定めた。このため、価格を抑えるだけでなく、ジンの必須素材であるジュニパーベリーの香味を抑えて、ゆずで香りを立て、緑茶で旨みを出し、ショウガで後味をすっきりさせることで、食事との相性を追求したのである。

この戦略は、2つの意味で功を奏している。

第1に、2020年3月の発売以降、当初計画3万ケース（8・4リットル換算）の3倍強、9・5万ケースの実績となった。また、2000円未満のスタンダード価格帯で7割程度のシェアを得た。さらに、従来は輸入ジンの3分の1程度であった国産ジンの割合を押し上げて、2020年12月に輸入ジンを上回ることができた（同社推計による）。

第2に、ジン市場のすそ野を大きく広げた。サントリーの資料では、「翠」の購入者の80パーセントはジンの新規ユーザーである。これはレモンサワーやチューハイなど、気軽に飲めるＲＴＤ（Ready to Drink）愛飲者を取り込んだことを意味する。ジンの市場拡大はすそ野を広げた（2021年4月7日調査実施）。

クラフトジンへの新規参入

京都蒸溜所とサントリーのクラフトジンと同時に、各地の酒類メーカーのジンへの参入も増加している。

ジンだけの新規製造免許は存在しないが、スピリッツの新規免許をみると増加傾向にある。国税庁の「製造免許場数」の長期時系列データによれば、スピリッツ類の製造免許場数は、２０１０年の39から２０２０年の73へと増加している。これに対して、ウイスキー類の製造免許場数は13から40への増加である（https://www.nta.go.jp/publication/statistics/kokuzeicho/jikeiretsu/01.htm ２０２１年5月3日閲覧）。

この違いには、２つの理由がある。

第１に、ジンへの参入の多くは焼酎メーカーであること。焼酎と同じ蒸溜技術がジンに転用可能だからである。

第2に、ウイスキーは貯蔵期間が3年程度必要であるため、手元資金が豊富でないと参入が容易でないこと。これに対して、ジンには貯蔵期間がほとんど必要ないため、資金回収が容易だからである。

こうした焼酎メーカーのジンへの参入は、クラフトジンの個性の多様化に貢献している。本来、ジンのベーススピリッツには無味無臭の連続式蒸溜によるアルコールが使われてきた。

しかし、宮崎の京屋酒造の「油津吟(ゆずぎん)」は、同社で人気の高い芋焼酎である「甕雫(かめしずく)」と「空と風と大地と」をベーススピリッツに加えている。ボタニカルには、宮崎を代表する柑橘である日向夏(ひゅうがなつ)などを用いている。また、沖縄のまさひろ酒造の「まさひろオキナワジン」のベースは泡盛で、ボタニカルには沖縄特産のシークヮーサーやゴーヤなどを使う。

海外でも、ブドウの産地ではブドウを使い、リンゴの産地ではリンゴを使うベーススピリッツのジンが登場しており、ベーススピリッツの個性の多様化は世界的な傾向といえよう。

共進化(co-evolution)

京都蒸溜所の「季の美」とサントリーの「ROKU」「翠」のケースを、経済学の視点からどのように考えたらいいだろうか。

すぐに想起されるのは、先行者と後発者という枠組みである。他社に先駆けて新製品を出せばリスクに直面するが、成功したあかつきには先行者利得が得られる。

後発者は、リスクに関する情報をすでに得ているから、類似の製品を大量生産することで後発者利益を確保できる。

しかし、この枠組みは当てはまらない。なぜなら「季の美」も「ROKU」も構想時期はほぼ同時で、相互に独立したプロジェクトであり、先行・後発という関係にはないからである。いいかえれば、「季の美」は英国系のウイスキー・ビジネスから、「ROKU」は米国のビーム社との協業から構想されたものである。

むしろ筆者が重要だと考えるのは、サントリーによる「翠」の展開である。「翠」は「ROKU」の、ある種の派生商品である。

だが「翠」は、プレミアムジンの廉価版という以上のインパクトをもった。なぜなら、ジンに新規ユーザーを取り込み、ジン市場を拡大させたからである。事実、サントリーのデータによれば、スピリッツとリキュール内のランキングでは、「翠」はレモンサワーや梅酒に伍している。つまり、ジン市場を拡大させている。

また、コスト圧縮のために和のボタニカルの数は絞られてはいるが、「翠」はプレミアム価格帯のジンの味覚の基本は維持しているから、「ROKU」や「季の美」

などのクラフトジンの消費者予備軍を形成したことをも意味する。

これは、製品の展開が消費者の行動を変えるという意味で「共進化」といえよう。「共進化」とは生物学の概念であり、ハチドリによるランの受粉の例が有名である。花の形が深いランからうまく蜜が吸えるようにハチドリのくちばしは長く進化した。翻ってランは、ハチドリによる花粉拡散を行うことができるという意味で、共利共生である。

進化経済学でも、「共進化」という概念は、企業や経済制度の補完関係の動態を説明する際に用いられている（Bowles 2004）。

この観点からは、「季の美」と「ROKU」はプレミアム価格帯では競合関係にあるが、「翠」によるジン市場の拡大までを含めると、共利共生関係にあるともいえる。

筆者の聞き取り調査でも、両社から、「日本のクラフトジンを世界に広めるという意味で、競争というより協力関係にある」との発言が得られているのは、その証左といえるだろう。

第5章　家飲み

晩酌という独自の文化

「家飲み」という言葉が頻繁に使われるようになった。

特に、２０２０年から続く新型コロナウイルスの感染拡大に伴う緊急事態宣言やまん延防止等重点措置の発出と、飲食店への休業要請によって、「家飲み」という言葉を流行語にさえした。

「家飲み」とは、本来は「家での飲み会」の略であり、家に友人・知人が集まってお酒を飲むことを意味していた（「日本語俗語辞書」http://zokugo-dict.com/02i/ienomi.htm ２０２１年12月23日閲覧）。

これに対して、自宅で１人または家族とお酒を嗜むことを「晩酌」という。しかし、新型コロナウイルスの感染拡大は、「家飲み」に「晩酌」をも包含させたといえる。今では、１人でも、家族とでも、友人・知人とでも、自宅で飲む場合には「家飲み」というようになっている。

外飲みが多い海外

特別な理由もなく、ほぼ毎日、夕食時にお酒を飲む文化は、日本に独自なのではないか。

筆者の欧米居住時の見聞によれば、海外では、ホームパーティや「特別の日」以外に、1人でまたは家族と夕食時に頻繁に家飲みする文化は存在しないようだ。

傍証として、ウオッカなど酒飲み大国として知られるロシア人で、5歳から日本に住んでいるというYouTuberの女性の言葉を引用しよう。

「アルコール消費量が多いと言われるロシアでも、お酒はお祝いの日に飲むもので、理由も無くお酒を飲むことはありません。一方で日本の場合、お酒を飲むのに理由が要らないのです。1日に飲む量は少なくても、ほぼ毎日のようにお酒を飲んでいる人も珍しくはありませんよね。休みの日には家で晩酌、ご飯に行ったら「とりあえずビール」。仕事が終わったら仲間と居酒屋で飲んで帰るし、その後コンビニで買って歩き飲みなんて人もいます。日本人の飲み方はとにかく少量を高頻度で！なのです」（https://www.zakzak.co.jp/ent/news/190925/enn1909250011-n1.html　2021年12月23日閲覧）。

中国についてはアンケート調査がある。**図表1**は、Ipsos社の調査結果である。

図表1　中国人の飲酒目的と場所（2021年）

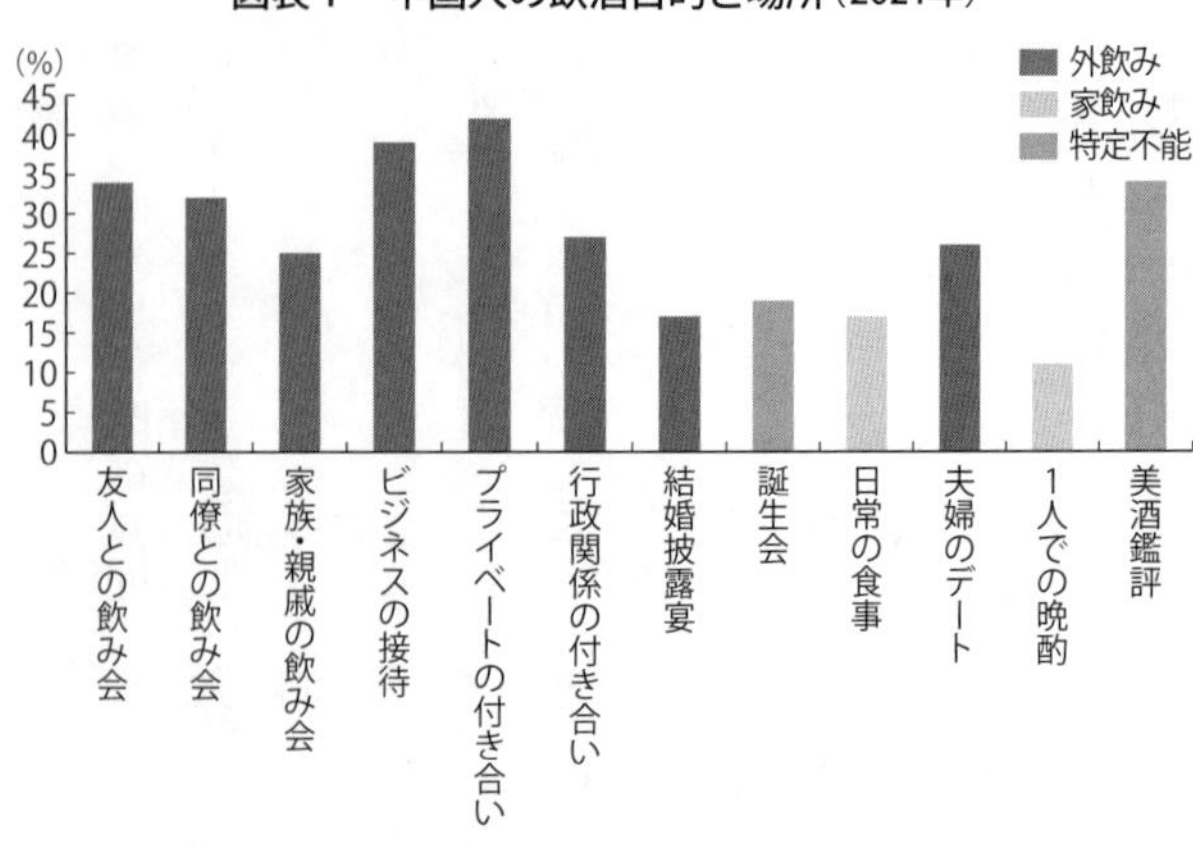

［出所］Ipsos 社「2021中国食品酒類消費趨勢分析報告」
http://www.199it.com/archives/1333391.html

これをみると、主に中国人の飲酒目的は、社交、お祝い、接待などである。つまり、お酒を飲むには何らかの特別の理由や目的がある。これを行うのは飲食店においてであり、このため外飲みが主体となるわけだ。

家飲みが多い日本

日本の家飲みと外飲みの支出額は、総務省「家計調査」から知ることができる（**図表2**）。

新型コロナウイルスの感染拡大の直撃を受けた、2020年以前の家飲み（酒類購入額）の年平均金額は、4万

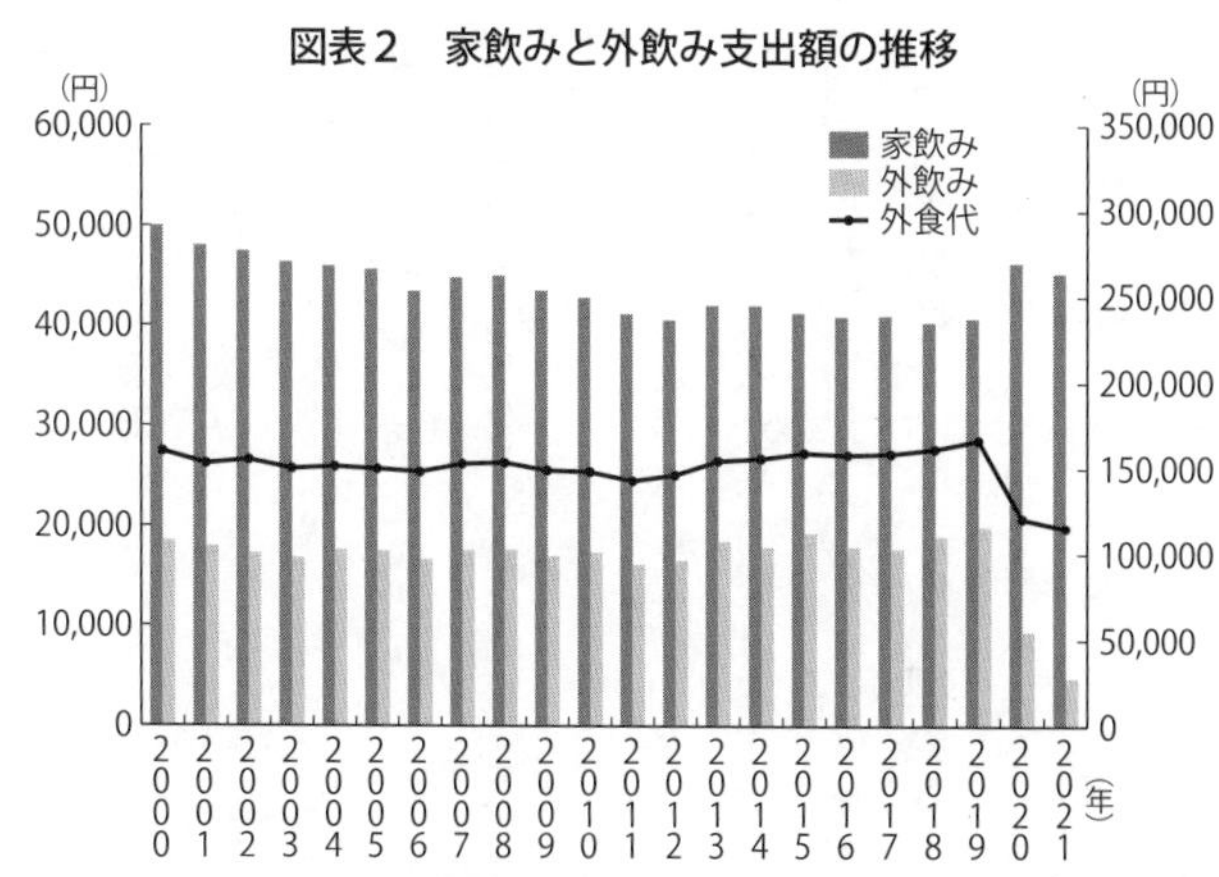

［注］　家飲みとは２人以上世帯の「酒類」購入額，外飲みとは「飲酒代」への支出額を意味する。なお，外食代は右目盛で示される
［出所］総務省統計局「家計調査」

３８２５円であった。他方、外飲み（飲酒代）の年平均値は１万７７１７円であった。

家飲みは、外飲みと比べてもともと２・47倍も多い。２０２０年には、家飲みと外飲みとの比率は、４・92倍へと拡大した。つまり、家飲みの金額が大きかったものが、緊急事態宣言の発出に伴う飲食店の休業などにより、さらに増加したといえる。

過去20年間の傾向をみると、家飲みの金額は２０００年の４万９９９４円から、新型コロナウイルスの感染拡大直前の２０１９年の４万７２２１円へと、

18・5パーセントほど減少した。これに対して、外飲みの金額はほぼ変化がなかった。外食代もほぼ変化がない。こうした傾向はあるものの、日本で家飲みが優位な状況は変わりない。

家飲みの具体的な状況については、大手食品メーカーのマルハニチロ株式会社によるアンケート調査（2014年実施）がある（https://www.maruha-nichiro.co.jp/corporate/news_center/research/pdf/20140819_ienomi_cyousa.pdf 2021年12月23日閲覧）。

全国の5221人の調査対象者（20〜59歳の男女）のうち、週に1回以上お酒を飲む1855人から有効回答1000人を選び、「外飲み」、（家族または1人での）「自宅飲み」、（自宅や友人・知人宅での）「友人・知人との家飲み」など、お酒を飲む場所と頻度を示したのが**図表3**である。

週に1日以上お酒を飲む人の「外飲み」が20・9パーセントなのに対して、「自宅飲み」が88・9パーセントと圧倒的に多い。しかも、「自宅飲み」の頻度は、「ほぼ毎日」が30・6パーセントを占め、週に2〜3日以上まで含めると、67パーセン

図表3　お酒を飲む場所と頻度（2014年）

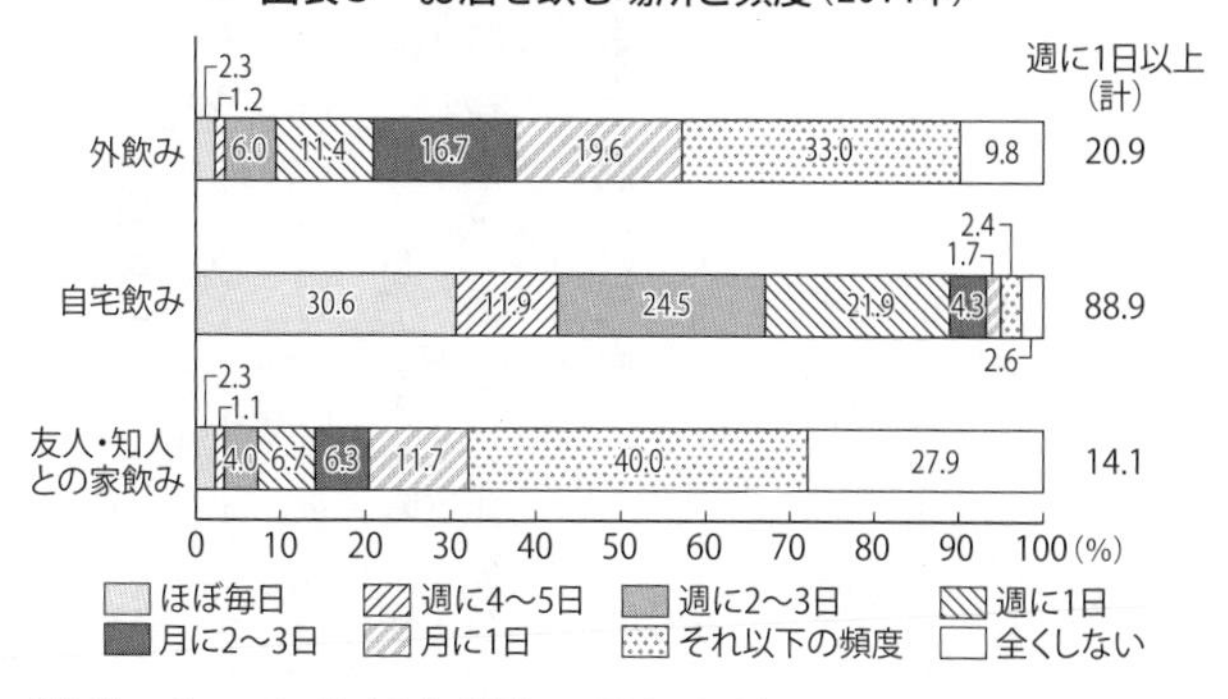

［出所］マルハニチロ株式会社「家飲みに関する調査」
https://www.maruha-nichiro.co.jp/corporate/news_center/research/pdf/20140819_ienomi_cyousa.pdf

図表4　自宅でお酒を飲む場合の相手（複数回答，2014年）

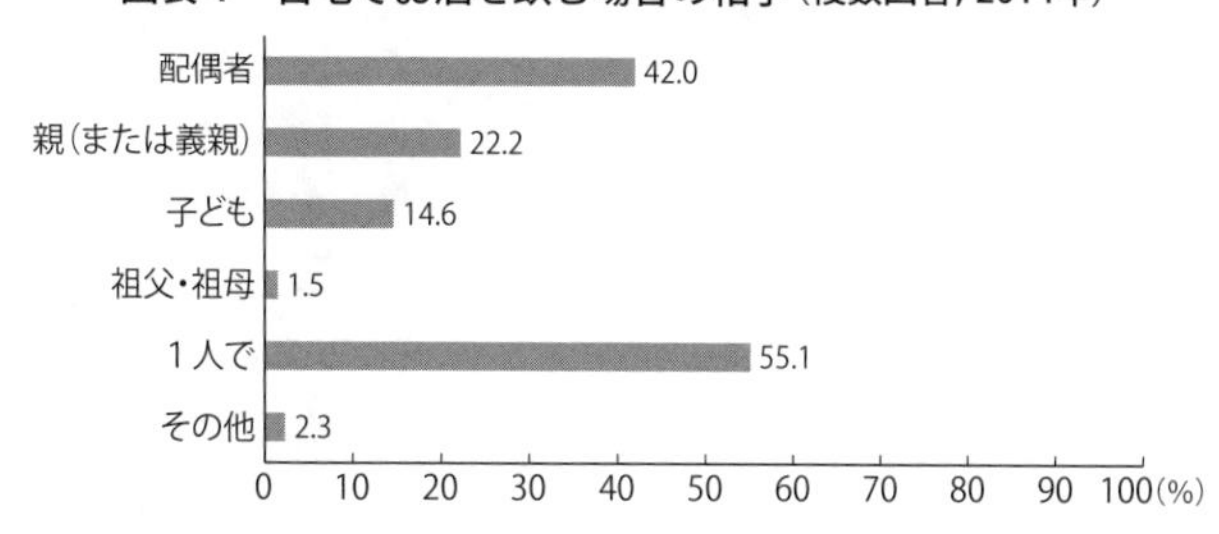

［出所］マルハニチロ株式会社「家飲みに関する調査」
https://www.maruha-nichiro.co.jp/corporate/news_center/research/pdf/20140819_ienomi_cyousa.pdf

トにも達している。

さらに**図表4**にみるように、自宅で飲む場合、「1人で」が55・1パーセントで最も多い。次に「配偶者」が42パーセントで続く。

やはり、日本では、外飲みより家飲みがはるかに多い。しかも、その場所は自宅である。そして1人または配偶者との晩酌がごく普通だ。そこに特別な理由はないと思われる。こうした状況が海外との決定的な違いである。

食事とお酒との関係

フランス人ジャーナリストのピエール・ブリザール（前AFP通信東京支局長）の分類によれば、世界の飲食文化は「ワイン文化」と「ウイスキー文化」とに分かれるという。前者は食事をしながらアルコール飲料を楽しむ文化であり、後者は食事の前後にアルコールを嗜む文化である（ブリザール 1982）。

個人的に筆者が経験した「ウイスキー文化」のあり方を示そう。筆者が、米国と英国で知人の家に招かれたときのことだ。

まずは、応接間でビールなどで談笑する。いきなり食卓に就くことはない。話も一段落したら、ダイニングルームで夕食がはじまる。このときお酒はあまり飲まない（最近ではワインを飲むことは増えた）。デザートとお茶で夕食が終わると、再び応接間に移動してウイスキーなどの蒸留酒を楽しむ。主役は、あくまでも談笑と、たまには真剣な議論である。お酒は脇役といってよい。

「ワイン文化」圏は、欧州南西部のラテン系諸国であるフランス、イタリア、スペイン、ポルトガルなどであり、「ウイスキー文化」圏は、英国、北欧諸国、米国などである。

ブリザールは日本通だが、おそらく「ワイン文化」基準が強すぎて、日本を「ウイスキー文化」に分類している。だが、社会学者の飽戸弘（東京大学名誉教授）によれば「食べながら飲む」という意味において、日本は「ワイン文化」だとする（飽戸・東京ガス都市生活研究所編 1992）。筆者も同意見である。

飽戸らは、食生活と酒文化の国際比較を行っている。調査時点は1990年で、調査対象は東京、ニューヨーク、パリの3都市である。各都市で1000サンプル

図表5　夕食の外食頻度（既婚者のみ）（1990年）

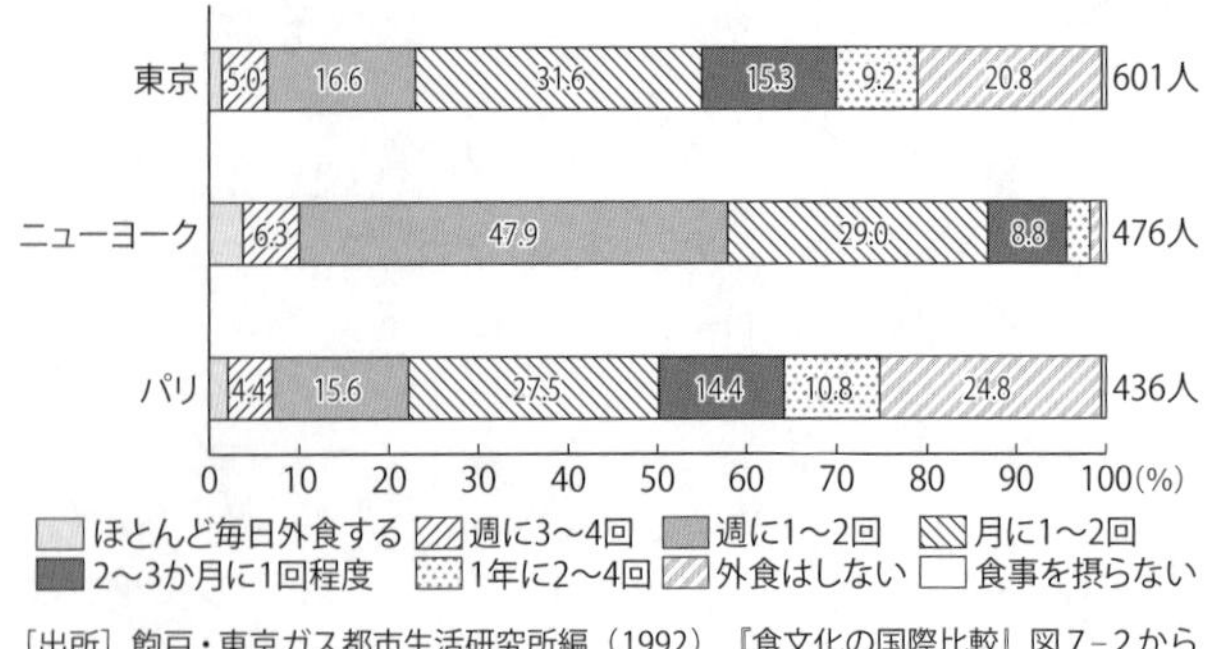

［出所］飽戸・東京ガス都市生活研究所編（1992）『食文化の国際比較』図7－2から筆者作成

図表6　飲酒頻度（1990年）

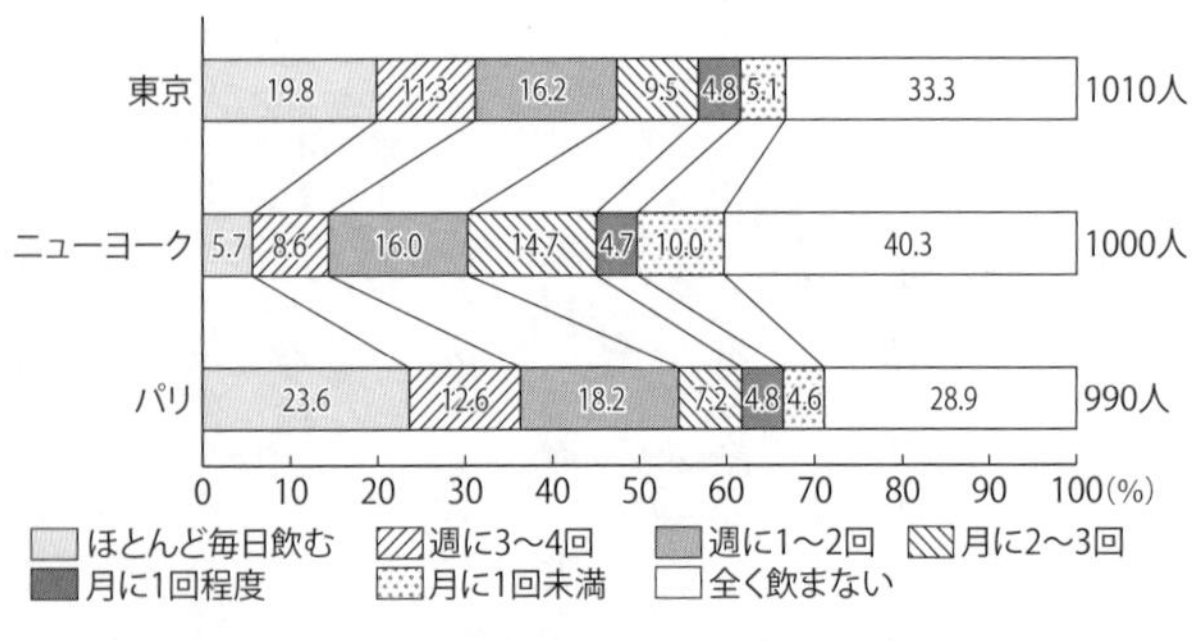

［出所］飽戸・東京ガス都市生活研究所編（1992）『食文化の国際比較』

に対して面接調査を行った。

図表5から以下のことがわかる。第1に、週に1～2回以上の頻度で外食するのはニューヨークで50パーセントを超える。第2に、東京もパリも、週1～2回以上外食するのは2割程度である。逆にいえば、残り8割は、ほぼ家庭で夕食を摂る。

図表6は飲酒頻度の比較である。これは外食頻度とは対照的に、ニューヨークが低く、東京とパリが同程度に高いことがわかる。

これらから、2つのことがいえる。第1に、ニューヨークでは夕食の外食頻度が高い割に飲酒頻度はむしろ低い。これは、外食の多くが、家事時間の節約のためのカジュアルなものであって、お酒を飲むほどフォーマルなものではないことを示唆する。第2に、東京とパリでは、「家庭で食べながら飲む」人が多い。その意味で、日本もフランスと同様に「ワイン文化圏」の飲食スタイルに近いといえよう。

ただし図表は示さないが、日本とフランスの違いは、パリでは月に2～3回以上も友人や知人を家に招いての夕食を摂るのが6割弱も存在することである。これに対し、東京では1割未満である。つまり、日本は家族だけの家飲みが多いのである。

醸造酒か、蒸留酒か

夕食時の家飲みや晩酌が行われるか否かを決める客観的な要因として、その国で主に醸されるお酒が、醸造酒か蒸留酒かの違いがある。どの国でも飲まれるビールを別とすれば、醸造酒は食中酒であり、蒸留酒は食前または食後酒である。食中酒の好例が、フランスのワインやわが国の日本酒である。食後酒の好例が英国のスコッチや米国のバーボンである。そして、シェリー酒は代表的な食前酒である。

このため、醸造酒の国は「ワイン文化圏」となり、蒸留酒の国は「ウイスキー文化圏」となる。

加えて日本では、蒸留酒を水割りにして飲む習慣（古くは焼酎や新しくはウイスキーなど）もあるので、「ワイン文化圏」と「ウイスキー文化圏」の中間に位置しているともいえる。これに対し、英国でも米国でも中国でも、蒸留酒を水割りして食中に飲む習慣はない。この意味で、日本で晩酌の習慣が定着したのは、醸造酒たる日本酒とビール、そして蒸留酒の水割りのおかげといえそうだ。

家飲みのマーケティングへの影響

家飲みと外飲みのどちらが主体かは、企業行動に大きな影響を及ぼす。外飲みが多い国では、酒類メーカーの販売は、業務店経由での飲食店へのアクセスが主となる（B to B：Business to Business）。ここでは、いかに有力なネットワークをもつ業務店を確保するかが、マーケティングにおいて重要となる。

これに対し、家飲みが多い国では酒販店やスーパーマーケット、あるいはeコマース（インターネット上での売買）による個人への販売が重要である（B to C：Business to Customer）。その際の鍵は、一般消費者への訴求である。

訴求の有力な手段である広告を取り上げよう。

日本では、ビールや日本酒のテレビCMが実に多い。これに対して、海外では、そもそもアルコール飲料の広告に関して社会的な規制が強い。北欧諸国では、アルコールのテレビCMは全面的に禁止されている。他の欧米諸国でも、酒類別、媒体別に細かく表現が規制されている。

日本では、テレビCMでビールの飲酒場面は当たり前のように流されるが、米国では飲酒シーンは禁止されている。これには宗教的・歴史的な背景がある。最近では緩和もあるが、アルコール度数の高い蒸留酒の広告は禁止という国も多い（http://www.sakebunka.co.jp/archive/market/002.htm ２０２２年1月18日閲覧）。

こうした社会的規制の問題を別としても、外飲みが主体の国では、そもそもアルコール飲料に、日本のようにきめ細やかな広告を行う必要はないといえる。むしろ、ビールにおけるアンハイザー・ブッシュ・インベブ社（ベルギー）、蒸留酒におけるディアジオ社（英国）やペルノ・リカール社（フランス）のような、グローバル寡占企業の巨大化による流通網の支配のほうが、より効果的かつ有効だと考えられる。

家飲みが主体か、外飲みが主体かによって、企業行動にも影響を及ぼすことは重要かつ興味深い事実であろう。

第6章 居酒屋

世界にもまれな飲食空間

NHK・BS1の人気番組「COOL JAPAN～発掘！　かっこいいニッポン」の2020年8月9日放送「外国人が母国に持ち帰りたいニッポンの食TOP10」は、とても興味深い内容だった。ランキングのトップ5だけを挙げると、5位から順に「焼き鳥」「から揚げ」「お弁当」「回転ずし」、そして1位は「居酒屋」であった。

番組司会者である鴻上尚史によれば、著書（2015）の中で、その理由を次のように述べている。

海外では、食事はレストラン、お酒を飲むのはバーと明確に分かれている。またレストランでは、オードブルからメインまでを最初に一括して注文するのが普通である。これに対して、日本の居酒屋は食事とお酒が渾然一体となっており、食べたいとき、飲みたいときに随時注文できる。この点が外国人にはとても新鮮なのだという。

たしかに日本の居酒屋は、英国のパブやスペインのバルなどとは全く異なる存在である。では、いったいなぜ日本の居酒屋は海外の酒場とはこんなにも違うのだろうか。その起源は何であり、現在どのような課題を抱えているのかを考えてみたい。

英国パブの成り立ち

英国のヴィクトリア女王の在位期（1837〜1901年）に、酒場である「パブ」が発展した。パブとは、「パブリックハウス」の略語である。

海野（2009）に依拠して、英国における酒場の発展を跡づけよう。まず、15世紀から16世紀にかけては、「イン」の時代だった。インとは、宿屋に酒場が併設されたものである。商業の発達と商人階級の勃興により、旅行や出張が増えていく。インでは1階で飲食して、2階で宿泊した。

その後、自家用馬車で旅行する人のための高級インと、駅馬車が停車する中級イン、さらにそれより下流の「エールハウス」や「タヴァン」などに分化していった。

18世紀になると、宿泊とは無関係の「パブリックハウス」という酒場の形態が現れる。これに伴い、インやタヴァンは次第に廃れていった。パブリックハウスは、酒場であると同時に、その名が示すように、各種の集会や、職業紹介などの機能をも果たす場所であった。

パブリックハウスの飲酒の場は、3つの空間に仕切られていた。バールーム、タップルーム、そしてパーラーである。バールームでは酒が売られ、そこで飲むこともできる。ここには誰でも自由に出入りできた。タップルームは労働者や職人が集まって酒を飲んだり情報交換したりする、やや閉じられた空間であった。そしてパーラーは、上流階級の集まりに使われた豪華な空間である。海野（2009）の表現を借りるなら、「酒場の空間が階級によってはっきり区分」されていた。

この中のバールームとタップルームに当たる部分が独立し、「パブ」が誕生した。そこには広間があり、主にビールやウイスキーが提供される。食事は軽いおつまみ程度のもの（煮キャベツや酢漬けのビート〔甜菜（てんさい）〕など）しか出なかった。

こうして、お酒を飲む場所はパブ、食事をする場所はレストランという明確な機能分化が進んでいった。英国のパブは、労働者が集まり、ビールを飲みながら、ときには憂さ晴らしを、また、ときには真剣な議論や交渉をするための「公共の」場所となったのだ。

現在では、パブは単なる酒場である。名前だけなら「イン」や「タヴァン」というノスタルジックな名の付いた酒場も珍しくない。しかし、パブの歴史を反映して、英国の酒場では、料理は出るが、フィッシュ・アンド・チップスといった軽食のメニューに限られている。パブは、労働者や一般庶民がもっぱらビールを楽しむ場所であることに変わりはない。

なお、スペインにはバルがあり、ここではビールやワインとタパス（英国パブよりはバラエティのある小皿料理）などが楽しめる。しかし、バルの位置づけは、あくまでもレストランでのディナーの前のお酒とおつまみを提供する場所である。

日本の居酒屋の成り立ち

日本では、酒を提供する営業行為は奈良時代にさかのぼる。平安時代の初期に編纂された『続日本紀（しょくにほんぎ）』によれば、奈良時代の761（天平宝字5）年に、酒肆（しゅし）（酒場のこと）に関する記載がある（平凡社『世界大百科事典』第2版）。詳しくは触れないが、およそ酒が醸造され、貨幣経済があれば、酒の売買は成立しえたし、何らかの酒場があったと考えることが自然であろう。

しかし、現代のような飲食が一体化した「居酒屋」が登場したのは、江戸時代後期のことであった。以下、飯野（2014）に基づいて「居酒屋」の成り立ちを概観する。

まず、「居酒」とは、酒屋（酒販店）で量り売りされた日本酒を店内で飲むという意味である。「居酒」という言葉が現れたのは、江戸時代の元禄期（1688〜1704年）のことだという。例外はあるが、酒屋での料理の提供はなかった。

これに対して、料理の提供を主体とするものは「煮売茶屋」と呼ばれた。そこでは煮物、汁物、鍋物などが供された。この「煮売茶屋」で酒も提供するようになった業態が「煮売居酒屋」、または略して「居酒屋」であった。

居酒屋が登場した背景には、100万都市として知られた江戸の人口構成に特徴がある。1721（享保6）年に実施された人口調査によれば、町人人口約50万人の約64パーセントは男性であった。武家の人口調査はないが、町人と同数程度であるというのが通説である。

参勤交代制度の存在を考えると、各藩の江戸屋敷の武士の多くは単身赴任の男性だったといわれる。また、江戸でのさまざまな仕事や雑役を担う労働者も、地方から大量に流入していた。多くは単身で自炊していたであろうが、同時に酒も料理も提供する外食産業への需要も大きかったと考えられる。１８１１（文化８）年の調査では、江戸には１８０８軒の居酒屋があったという。

当時の居酒屋のメニューは意外に豊富だ。「ふぐ汁」「あんこう汁」「ねぎま」「まぐろの刺身」「湯豆腐」「から汁」（おから入り味噌汁）などである。酒は上方からの下り酒が人気であり、特に伊丹の「剣菱」や「老松」が代表格であった（その後は、灘五郷の酒に主役を交代された）。

このように、酒場の起源は奈良時代にさかのぼることができるとしても、飲食が一体化した「居酒屋」というビジネスの普及をみたのは江戸時代後期であった。また客層も、荷商人、駕籠かき、車引き、武家奉公人、下級武士など多様であった。

近代化と居酒屋

明治維新の頃に創業し、現在も営業を続ける老舗居酒屋が開業した年を挙げてみよう。

1856（安政3）年「鍵屋」（根岸）、1884（明治17）年「柿島屋」（町田）、1905（明治38）年「みますや」（神田）などがその代表例である（https://syupo.com/archives/56144 2022年3月27日閲覧）。

これらの老舗は、江戸時代後期の居酒屋の雰囲気を今日に伝えている。神崎（1998）によれば、明治期以降も、こうした正統派の居酒屋は、場末の飯屋を兼ねたような居酒屋とともに、栄えることはあっても廃れることはなかった。

しかしその一方で、明治時代には、居酒屋の世界でも外部からの重要な変化が生じていく。それは文明開化に伴う飲食の洋風化である。

第1の大きな変化は、ビヤホールの誕生であろう。日本初のビヤホールは、1899（明治32）年に華々しくオープンした「恵比寿ビヤホール」（新橋）であった。これにより、日本酒と料理を出す居酒屋とは異なる、ビールと料理のビヤホールという新たな業態が生まれた。

「恵比寿ビヤホール」は盛況であった。加藤（1977）によれば、1日平均800人の来客があり、「フロックの紳士と車夫、職工、兵服が隣り合ってビールを飲み微笑む風景もみられた」という。

第2の変化は、洋食の確立と普及である。岡田（2012）によれば、洋食確立までには4期ある。

①西洋料理を導入し崇拝した明治初期、②西洋料理を日本人の舌に合わせる調理技術を開発した明治中期、③西洋料理ではなく和洋折衷料理（カツレツ〔のちのトンカツ〕、コロッケ、カレーライスの3大洋食）が台頭した明治後期、④庶民向け洋食の料理店（洋食屋）が普及した大正・昭和期である。

この結果、ビヤホールやカフェでは、ビールと洋食が定番のメニューとなっていく。また、1933（昭和8）年に「新宿ヱビスビヤホール」、翌1934年に「ビヤホール ライオン銀座7丁目店」などが続々と開店して、さらにブームは地方都市にも広がっていった。

このように、一方で江戸時代後期以来の居酒屋があり、他方で明治時代に現れたビヤホールがある。和と洋との並立である。

この2つの流れの中で筆者が注目するのは、1937（昭和12）年に開業した

「ニユートーキヨー数寄屋橋本店」である。

この店の最大の特徴は、日本酒もビールも、和食も洋食も、どちらも提供したことだ。これが可能であったのは、「ニユートーキヨー」がビールメーカー直営ではなかったからであろう。この特徴の重要さは強調に値する。なぜなら、これが和洋食を統合した第2次世界大戦後の居酒屋の原型をなすと、筆者は考えるからである。

戦後期の居酒屋

近年の居酒屋の事業所数を経営組織別にみると、個人経営が多く、法人経営（株式会社や有限会社など）は少ない（2016年「経済センサス――活動調査」の結果では、個人経営が72・6パーセント）。2006年の「会社法」施行以前ほど、戦後期を過去にさかのぼればさかのぼるほど、個人経営の割合が圧倒的に高くなる。したがって、主役は、あくまでも多数の個人経営による居酒屋である。

戦後日本の居酒屋については、おびただしい数のジャーナリストや評論家のレポートや刊行物がある。まずは、2人の研究者の優れた著作を挙げたい。橋本（2015）

とモラスキー（2014）である。

前者は、戦後ヤミ市から高度成長期を経て現在に至る、居酒屋と社会・経済環境の変化との関係に対し目配りの利いた通史である。後者は、現代の多数の居酒屋の事例を文化論的に考察した著作である。ともに社会学の観点から書かれた名著である。通史と事例については、この２つの作品に委ねたいと思う。

まずは、巨大法人が経営する居酒屋チェーンを取り上げたい。なぜなら、１９８５年に、居酒屋・ビヤホールの売上高を１兆円超えの市場規模に押し上げた立役者が、居酒屋チェーンだからである（**図表１**）。

居酒屋チェーンの歴史は、１９９０年代初頭の、バブル崩壊の前後で２つに分かれる。前半を代表する企業は、「旧御三家」と呼ばれた「養老乃瀧」「村さ来」「つぼ八」である。後半を代表する企業は、「新御三家」のワタミ株式会社（「和民」「ミライザカ」など）、株式会社モンテローザ（「白木屋」「魚民」など）、株式会社コロワイド（「甘太郎」「土間土間」など）である。

「養老乃瀧」の誕生以降、試行錯誤で獲得された居酒屋チェーンの運営原則は、①

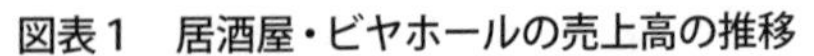

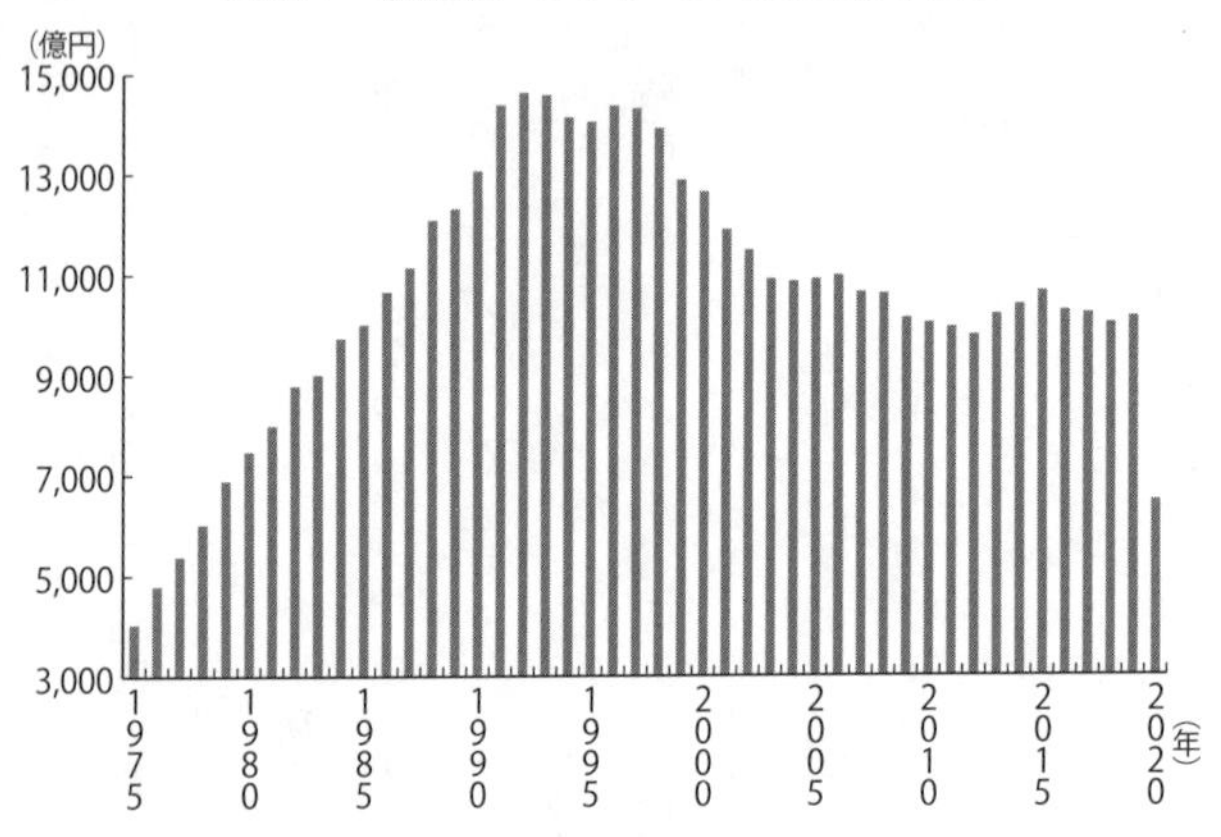

［出所］日本フードサービス協会「外食産業市場規模推計の推移」
http://www.jfnet.or.jp/data/data_c.html

フランチャイズシステムによる急速な店舗展開、②セントラルキッチン（集中調理施設）による店舗内での調理の省力化・効率化、③マージンミックス（粗利益率の高い商品と低い商品とを組み合わせて販売すること）によるトータルでの粗利益率と客単価の確保、である。これにより、多種多様な料理と酒類の提供とが可能となった（中村2018）。

筆者は、ここに戦前から試みられた和食・洋食を包括した料理メニューと和洋酒の提供という方向の、ひとつの完成形態をみる。その意味で居酒屋チェーンの功績は大きい。

しかしながら、この運営原則は、ほぼ1000店舗程度を展開したところで頭打ちになる（または減少に転じる）という規則性がみられる。新旧交代が起きるのだ。その原因は基本的には、マクロ経済環境の変化への、個別企業の対応の巧拙であろう。だが、より根本的には、先のチェーン運営原則に伴う製品差別化の困難がある。平たくいえば、特徴のあるメニューを開発してもすぐに模倣され、より低価格で提供される。この繰り返しがなされてきた。

しかも、**図表2**にみるように、大手居酒屋チェーンを運営する企業の多くが加盟する日本フードサービス協会のデータ（会員企業のみ）では、「パブレストラン・居酒屋」の売上金額と店舗数のピークは2007年であり、2008年のリーマン・ショックも相まって、この業態の行き詰まりが生じたようにみえる。

ここでも新旧交代は起きており、その後の新興勢力の特徴は専門店化であった。焼き鳥専門の「鳥貴族」、海鮮専門の「磯丸水産」、串カツ専門の「串カツ田中」などが業界を牽引するようになったのだ。

図表2　パブレストラン・居酒屋の店舗数と売上金額の推移
（1993年を100とする）

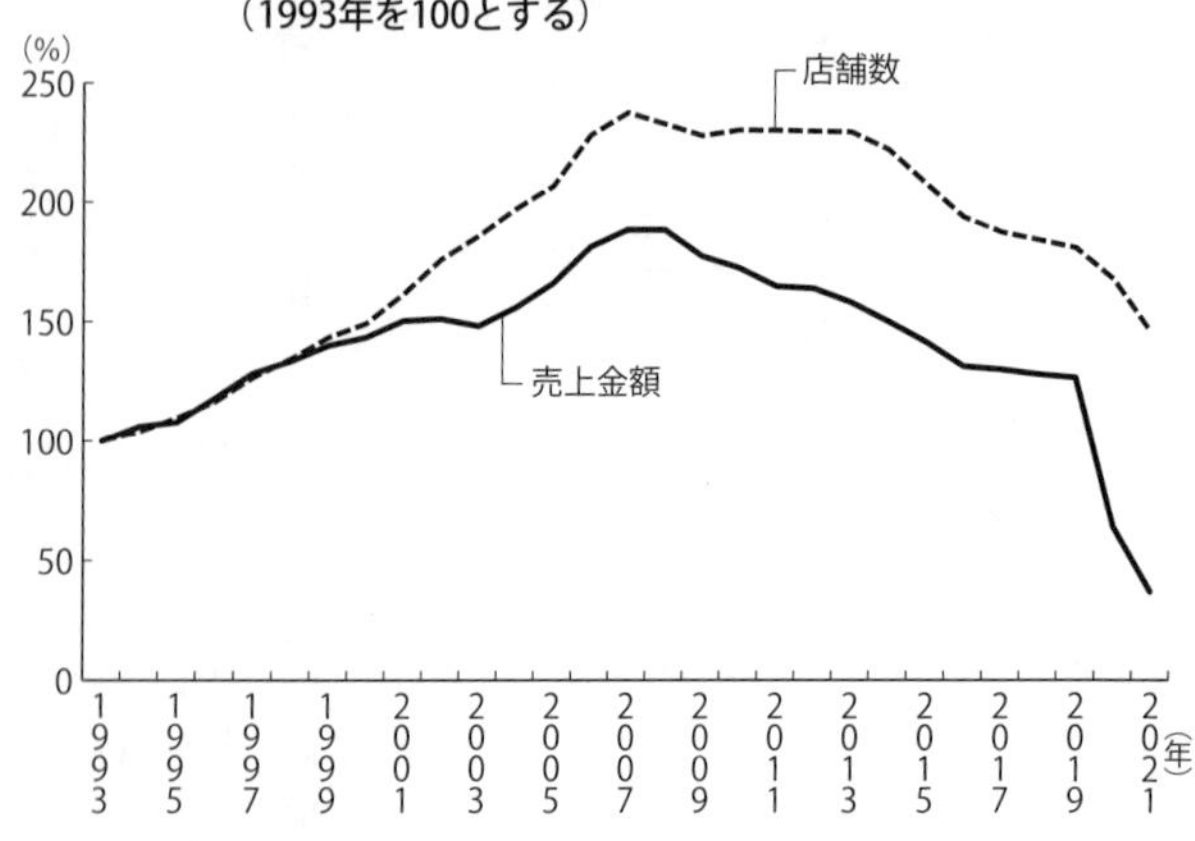

［出所］日本フードサービス協会「ＪＦ外食市場動向調査」結果より筆者計算
http://www.jfnet.or.jp/data/data_c.html

しかし筆者には、そうした専門店化で、居酒屋チェーンが以前のような勢いを取り戻すとは思えない。なぜなら専門店は、経営的には効率がよくても、メニューの特化が顧客の幅を狭め、一定期間内での顧客の利用頻度はおそらく高くないと考えるからだ。

ここに、個人経営の特色ある居酒屋の事例を紹介する意味があるように思う。

居酒屋の４つの事例

居酒屋の形は経営者の数だけ存在する。だから類型化など不可能かもしれない。しかし、1人の経営者が1店舗だけを経営するのか、それとも複数店舗を展開するのか、お店がオフィス街にあるのか、それとも住宅地に立地するのかに応じて、ある種の相違と類似性が生まれると思われる（**図表3**）。筆者のなじみのお店から、特徴の異なる4つの居酒屋を紹介しよう。

●よよぎあん

代々木駅西口前は、新宿や渋谷に近いが都心の喧噪からはやや離れている。しかし、代々木は、学校、病院、企業が多数存在するオフィス街である。近年はIT系のベンチャー企業も増えている。その駅前ビルの地下に「よよぎあん」はある。

店主の関将伸（まさのぶ）は2代目である。大学卒業後、鮮魚などの小売り販売を行う企業に就職。大手百貨店の地下に店舗を構えるような会社である。3年間の勤務の後に退職し、日本一周の旅に出て知見を広めた。その後、料理とお酒に共感できた東京の居酒屋で6年半勤務した。魚の知識は初職で身に付けていたので、その店では料理と店舗経営を学んだ。

図表3　聞き取り調査結果のまとめ

店名	店舗数	所在地特性	創業年（年）	料理メニューの重視点	飲み物メニューの重視点	客層
よよぎあん	1	オフィス街	2006（承継）	素材の季節感を大事にする。和食だけではなく洋食的なものも含め多様にする	日本酒も焼酎も蔵元と顔の見える関係を重視する品ぞろえ	年齢も職業も多様
となりのしんぽ	1	住宅地	2003	魚料理がメイン，野菜料理も重視	魚と合う日本酒と焼酎	近隣の住民が多い。年齢も職業も多様
五臓六腑	5	住宅地	1999	店舗ごとに，魚，鳥，豚，モツ料理などに分けている。共通項は焼酎に合う料理	本格焼酎を前面に出す	店舗ごとに年齢層が異なる。年齢も職業も多様
和食日和おさけと	6	オフィス街	2018	日本酒に合う和食。この原則の範囲内で，洋の要素を取り込む	日本酒の個性のバランスを重視	近隣で働く会社員がメイン。昼（ランチ）は女性が多く，夜は男性が多い

［出所］筆者作成

父親の怪我という事情もあり、2006年に「よよぎあん」に戻り跡を継いだ。しかし、関は経営方針を大きく変えている。青森出身の先代の方針は、青森料理に特化して、日本酒も青森県の1銘柄だけだった。この方針では、どうしても青森出身者・関係者に客層が固定される。このため、関は料理も飲み物のメニューも全面的に見直した。

料理には、「季節感のあるもの」という観点から魚も野菜も幅広く取り入れた。魚については毎日豊洲市場に通い、納得できたものだけを仕入れる。また、野菜は、産地を明記したり作り手の想いやストーリーを伝えることを重視した。さらに、メニューには和食だけではなく洋食的な料理も取り入れている。「居酒屋にはわくわく感が必要」と関はいう。

お酒も、日本全国の銘柄に広げた。ここでも、単に有名で人気のある日本酒や焼酎ではなく、関が蔵元と直接話ができる「顔の見える」関係を重視する商品の品ぞろえになっている。

定期的に蔵元を招いて「酒の会」を開いている。また年に一度の社員旅行には、必ずその土地の蔵元見学を組み入れているという。知識を身に付けてほしいのはもちろんだが、その体験が起点になって、お客との会話が弾むことを関は重視している。

客層は実に幅広い。年齢的には20歳代から80歳代までで、職業もばらばらである。社会的地位とは無関係に、隣り合えば自然に会話も生まれるという。

●となりのしんぽ

ＪＲ中央線の西荻窪駅南口一帯は、再開発を免れた希有な例である。築80年近い建物もあり、小さな飲食店が軒を連ねた飲み屋街は、まるで昭和にタイムスリップしたような雰囲気である。「となりのしんぽ」は、その飲み屋街と道を隔てた位置にある。

店主の新保至聴は、高校卒業後、いくつかの職業を経験しながら、次第に飲食業界で働くようになった。和食、特に魚の下ろし方などを学んだのは、成田空港で航空会社に機内食を提供する企業だったという。そこが新保にとっての実践的な意味での調理師学校だった。

新保の人生を変えたのは屋台の失敗である。昼は飲食店で働き、夜は渋谷で屋台を営んだ。雨が降ると屋台にはお客が来ない。売り上げはないし食材は余る。「人生のどん底でした」と新保は振り返る。この挫折を経て、和洋両方を手がけるグループの居酒屋の店長を任され、次第に独立の考えを固めていった。

「しんぽ」を開店したのは２００３年。現在は、開店時の隣の店舗に移転したため

「となりのしんぽ」という店名になっている。

「となりのしんぽ」の特色は、魚料理にある。新鮮な魚を手頃な値段で食べることができる。良質な魚を手に入れる秘訣は、豊洲市場の仲卸との信頼関係構築だという。さらに新保は、新たな仲卸の開拓のために頻繁に豊洲に通っている。

お店は繁盛しているので、魚の仕入れ量は小さなスーパーマーケットに匹敵する。それでも、新保のポリシーは「メニューを先に決めない、メニューありきだと、ろくなことはない」という考えだ。素材をみてから決めるので、定番商品を除いてメニューは日々変わる。

また料理メニューに、「何でもあるのはよくない」と新保はいう。居酒屋業界の専門店化を踏まえた言葉だと思われる。ただし、お店では野菜料理なども多くメニューは豊富である。飲み物は、魚と合う日本酒と焼酎を多数取りそろえている。このような努力もあって、お酒とお目当ての刺身や煮魚などに舌鼓を打つお客で連日満席となる。その光景は圧巻といえるだろう。

客層は実に幅広い。西荻窪は住宅地でもあるので、近隣に住む住民や家族連れも多い。年齢層は30歳代から60歳代がメインで、女性客も多く、職業や社会的地位もさまざまである。

「お店をやっていて一番よかったことは、いろいろな人と会ってしゃべったり、いろいろな人の話を聞けることじゃないかと思います」という新保の言葉が印象に残った。

●五臓六腑

東急田園都市線の三軒茶屋は、新旧2つの顔を併せもつ魅力的な町だ。おしゃれな商業施設などが立ち並ぶ一方で、「三角地帯」と呼ばれる昭和の雰囲気を色濃く残す飲み屋街もある。少し歩くと閑静な住宅街が広がる。

「五臓六腑（ごぞうろっぷ）」はこの町で5店舗を展開する。オーナーの高橋研（けん）は高校卒業後、東京で飲食店やバーを有する会社に就職した。主な経歴は洋食だが和食の経験もある。

1999年に、渋谷の道玄坂上に本店となる「五臓六腑」を開店した。その後、入居していたビルの建て替えのために2008年に三軒茶屋に移転したが、すでに

２００３年には2号店として鳥料理専門の「五臓六腑七八（しちや）」を開いている。続けて豚料理の「五臓六腑久（きゅう）」、「炭焼き五臓六腑」、モツ料理の「てっぽうや」と矢継ぎ早に展開した。

5店舗ある「五臓六腑」の料理と飲み物メニューの方針は明確だ。一言でいえば、焼酎に合う料理である。「五臓六腑」は、創業時から本格焼酎に力を入れるお店として有名だった。それは、今も変わりはない。店舗ごとに使う素材が分かれていても、料理の決め手は「焼酎に合うかどうか」である。

また高橋は、どういう飲み方が美味しいかといった知識を従業員みんながもつことが重要だという。なぜなら、メニューにそれは書かれていないので、「従業員が、お客様にいかに口頭で勧められるかが大事」だからである。

居酒屋の専門店化については、高橋は疑問をもっている。専門店にはよいところも多々あるが、はやり廃りが激しい。「五臓六腑」は素材別の専門店だが、メニューの品ぞろえはできるだけ多くするように心がけているという。

客層は店舗により多少異なる。魚料理を中心に出す本店は40歳代から50歳代が多く、鳥や豚料理の店は30歳代から40歳代がメインである。どの店も、さまざまな職業や社会的地位の人々が混在している。「職業や地位が全く違っても、隣り合ったお客様が楽しそうに会話するのをみるのは、とてもうれしいことです」と高橋は語った。

●和食日和 おさけと

「和食日和 おさけと」6店舗を運営するオーナーの山口直樹（なおき）は高校卒業後、飲食業界を目指して、調理師学校とホテル専門学校で3年学んだ。卒業後、大手居酒屋チェーンを展開する企業に就職。そこでは新規業態事業部で新規出店を担当した。

その後、お酒と料理を深く学ぶために、さまざまな現場を求めて転職を繰り返す。シャンパンバー（イタリア料理も出すお店）、フランス料理とスペインバルの運営会社、和食店の運営企業などに在籍した。それぞれで、接客、調理から店舗管理（予算管理・人事管理）など飲食店を開業するためのノウハウをすべて学んだ。

そして山口は、16年間に及ぶ修業と準備を経て、２０１８年に1号店の日本橋店、さらに同年に御茶ノ水店（その後閉店）、神保町店を矢継ぎ早に開店した。その翌年には日本橋室町店、神楽坂店を、２０２０年には大門浜松町店、２０２２年には赤坂店を、次々に展開している。なお、日本橋店は、入居していたビルの取り壊しに伴い、地下鉄の日本橋駅に直結した便利なレストラン街に、２０２１年に移転している。

料理のコンセプトは、日本酒に合う和食である。ただし、洋食の要素をどの程度取り入れるかは、料理長に任せている。

こだわりは、「日本酒に合う」料理という原則を厳守することにある。山口は、居酒屋の専門店化についても肯定的である。メニューも絞り込むべきで、そのほうが料理の品質は高まるという意見の持ち主だ。

さらに、飲み物（日本酒）の原則は、「異なる個性のバランスを取る」ことにあるという。現状では、全国どこの日本酒もそれぞれに美味しい。それを前提としてさらに、ストーリー性がある、名前やラベルが面白い、従業員の出身地のお酒である、などの個性が重要である。ただし、その個性が偏らないように多様な銘柄を扱うことでバランスを重視する。

　また、従業員の出身地のお酒というのは、スタッフそれぞれ思い入れのある蔵である場合が多いので、客に具体的に勧めやすい、という意味である。

　客層は、オフィス街に店舗を構えているので、会社員が大半である。紹介した他の居酒屋と比べると高級志向である。1300〜2000円程度のランチは女性客が多く、夜は男性客が多い。お昼ごはんを経験したお客が、夜には友人や会社の上司を連れてくるという循環が生まれている。

　拡大路線を採る山口は、新規店の準備や運営などで多忙であるにもかかわらず、頻繁に各店舗を訪れ、従業員と実によく話す。会議はほとんどしない主義だそうだ。従業員から直接意見を聞いて、「問題があれば明日から変える」というスピードを重視しているのである。大手居酒屋チェーンが、成功とともに拡大していく中で意思決定が遅くなり、失敗してしまう姿を身近で経験したことが、その理由のひとつだというのが筆者の解釈である。

コミュニケーションとフィードバックの重要性

本章の冒頭で、なぜ日本の居酒屋は海外の酒場とは違うのか、その起源は何であり、現在どのような課題を抱えているか、という問いを立てた。この問いへの答えは、ここまでに論じてきたので、詳細は繰り返さない。ポイントだけを述べる。

第1に、日本の居酒屋は歴史的に飲食合体であり、料理もお酒も和洋を問わずに多様である。ここが英国のパブやスペインのバルと、レストランとの間で、機能分化が明確な海外との決定的な違いである。

第2に、日本の居酒屋では、顧客の職業や社会的地位の区分は海外ほど明確ではない。また客同士や、客と店側とのコミュニケーションが盛んである。

第3に、現在の居酒屋業界では大手チェーンの専門店化が進んでいるが、個人経営のお店では、専門店化の功罪が認識され、それを踏まえた経営が行われている。

経営管理（特にマーケティング）の世界では、顧客からのコミュニケーションとフィードバックとが重要だとされる。顧客の声を集め、解決すべき課題を設定し、改善活動を行う。これが基本原則である。これは、手法がアナログでもデジタルでも何ら変わることはない。

この原則は、居酒屋の世界でも成り立っている。取り上げた事例でも、店主や従業員は顧客との接点に立ち、日々顧客の声を聞いている。聞くだけではなく話しかける。顧客の職業や地位もさまざまだから、情報も多様である。加えて、客同士も話す。その会話が自然に耳に入ってくる。

いいかえれば、コミュニケーションが店と客との間で双方向的であり、客同士で水平的でもある。ここから新しいメニューや素材の仕入れのヒントが生まれる。それがうまくいけば、お客は喜ぶし、店主の達成感にもつながる。うまくいかなければ、なぜかを考え改善する。

日本の居酒屋は、海外とは異なり、飲むことと食べることが一体化されており、和洋の料理とお酒をともに楽しめる居心地のよい空間である。しかし、その空間を成り立たせているのは、洋の東西を問わず、コミュニケーションとフィードバックを重視する経営管理の原則であることを忘れてはならない。

第7章 醸造所・蒸溜所が併設された飲食店

究極の「地産地消」

ビール工場を見学した後に試飲できるビールほど、美味しいものはない。それは出来たての鮮度のよさのためでもあるが、製造ラインを見学し、醸造に関する詳しい説明を聞いた後の親近感のゆえでもある。日本酒、ワイン、ウイスキーの工場見学の後でも同じことがいえるだろう。

他方で、試飲ができる場所は飲食店ではないので、料理は出てこない。サービスの「あられ」や「炒り豆」などを自由につまむ程度だ。試飲する飲み物が美味しいので、ここで仮に本格的な料理を楽しめたら、どんなにすばらしいだろうと思うのは筆者だけだろうか。

この夢を実現するものこそが、醸造所・蒸溜所が併設された飲食店にほかならない。

併設飲食店の設置状況

日本酒の酒蔵には、お食事処が併設されている事例が少なからずある。

筆者の住む東京の多摩地区の例を挙げよう。日本酒「澤乃井」の小澤酒造株式会

図表１　地ビールの販売形態別構成比の推移

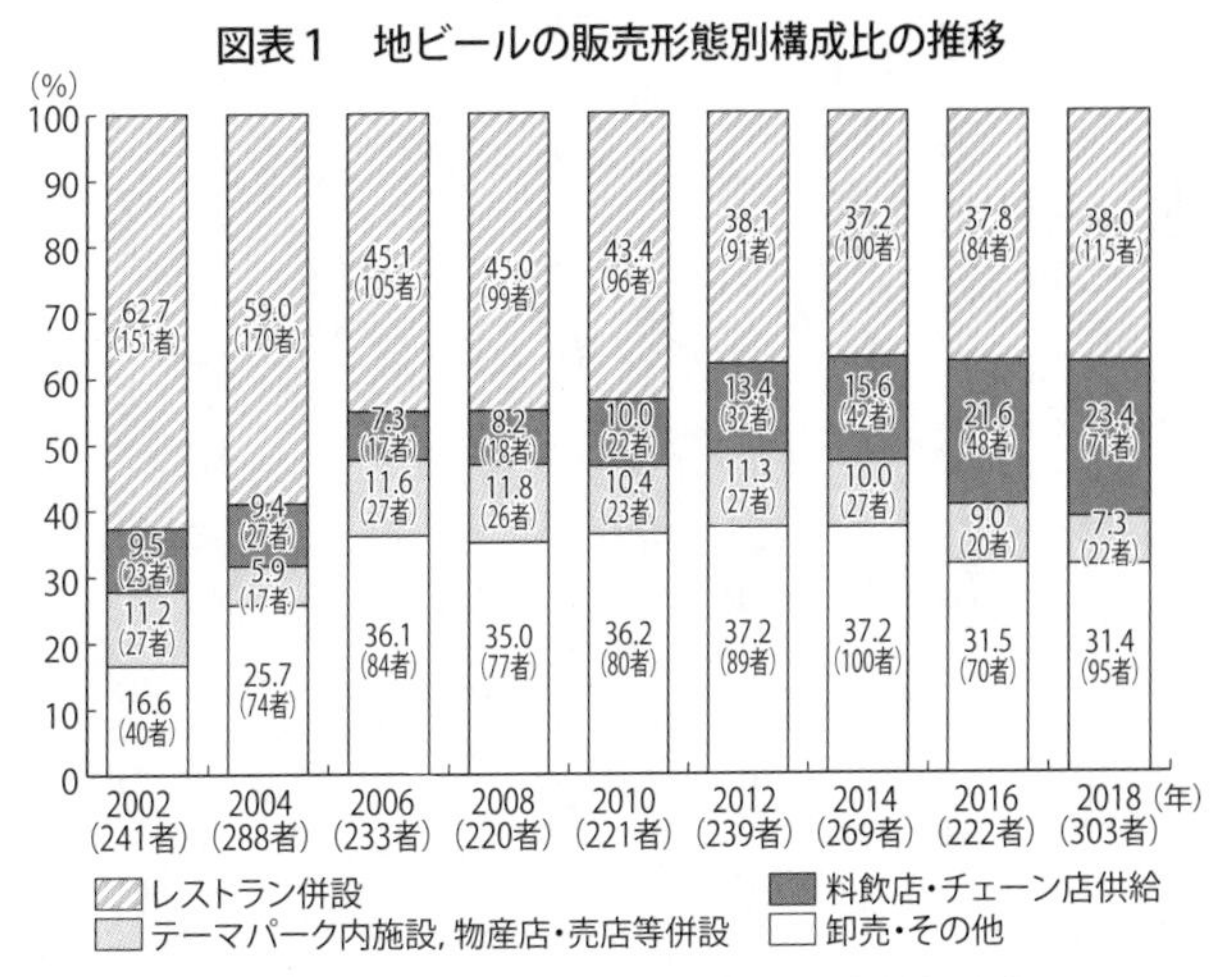

［注］　上段の数値は構成比，下段の（　）内の数値は製造業者数を表す
［出所］国税庁「地ビール等製造業の概況」
https://www.nta.go.jp/taxes/sake/shiori-gaikyo/seizogaikyo/10.htm

社（青梅市）には、価格帯別に「清流ガーデン澤乃井園」（軽食）、「豆らく」（食事処）、「まゝごと屋」（本格料亭）が併設されている。気軽にも楽しめるし、接待や会食にも使える仕組みになっている。

だが、小澤酒造のあるＪＲ青梅線の沢井駅までは、東京駅から１時間50分ほどもかかる。沢井駅の周辺には、御岳山、多摩川の清流、玉堂美術館などがあるのでハイキングや観光には向いているが、逆にいえばそのくらいしかない。筆者がここを訪れるのは、海外などからの客人を散策に連れていく程度（1年に1回ほど）である。

このように、多くの日本酒の蔵元は、都市部から離れた遠隔地にあるので、気軽に訪れるのはむずかしい。これに対して、クラフトビールの場合は比較的、都心部（またはその周辺部）に醸造所が飲食店を併設して立地していることが多い。

国税庁の「地ビール等製造業の概況」によれば、2018年に「レストラン併設」の地ビール業者は115者（全体の38パーセント）しかない（**図表1**）。

2000年代初頭から数年ほどは、地ビールブームの影響で「レストラン併設」の地ビール業者の数は多かったが、選別・淘汰が進み、その数は減った。他方、「卸売・その他」などへの供給に特化した専業メーカーとの両極分解が進んだものと解釈できよう。

醸造所・蒸溜所が併設された飲食店の事例

併設飲食店のある醸造所の大半はクラフトビールである。東京都心部に限定すると、**図表2**にみるように併設店がない醸造所はない。むしろ、飲食店が差別化のた

図表2　クラフトビール醸造所の飲食店併設状況（東京都千代田区・中央区・港区）

ブランド名	飲食店名	所在地
Anchor Point Beer	Anchor Point	千代田区
Our Craft COMMISSARY	Our Craft	中央区
CRAFTROCK BREWING	CRAFTROCK BREWPUB & LIVE	中央区
銀座地ビール	居酒屋八蛮	中央区
ブリューインバー	BREWIN'BAR 主水 monde	中央区
TOKYO OLDBOYS BREWING 旧 Inazuma Beer	TOKYO OLDBOYS BREWING	港区
BEER& 246 AOYAMA BREWERY	BEER& 246 AOYAMA BREWERY	港区

［出所］ブルワリー紹介サイト「ビアクルーズ」
http://beer-cruise.net/beer/BreweryList.html

めに醸造所を併設しているともいえる。しかし、近年、ウイスキーなどの蒸溜所や日本酒醸造所併設の飲食店も現れはじめている。

この項では、クラフトビールメーカーの大手でウイスキーなど多様な酒類も手がける常陸野（ひたちの）ブルーイング（木内酒造株式会社）、海外での販路も広げるクラフトビールメーカーのCOEDO（株式会社協同商事）、全国から多数の銘酒を発掘して世に送り出してきた株式会社はせがわ酒店「東京駅酒造場」の3つを、併設飲食店の代表例として取り上げる。

●常陸野ブルーイング東京蒸溜所

JR秋葉原駅の電気街口を出ると、いつも賑やかである。家電量販店やゲーム専門店を訪れる買い物客が行き交い、メイドカフェのメイドさんは秋葉原の日常風景に溶け込んでいる。

その一角に、「未知のワクワクとスグレモノを探すこと」を掲げ、JR東日本が開発した、高架下にさまざまな専門ショップを集めた新拠点「シークベース・アキオカ・マニュファクチャ」がある。「アキオカ」とは、秋葉原と御徒町との間という意味である。この施設の中に常陸野ブルーイング東京蒸溜所がある。

この蒸溜所を運営する木内酒造株式会社（茨城県那珂市）は、文政6（1823）年創業で、事業内容としては、創業時からの日本酒だけでなく、ビール、梅酒、ワイン、焼酎、ウイスキーなどの製造・販売を手がけている。ビール事業への参入は1994年、ウイスキーの製造・販売への参入は2015年である。また飲食事業にもすそ野を広げ、現在9店舗を擁する。従業員は145人ほどいる（2021年12月現在）。

木内酒造の経営理念は、地元産の農産物を使い、極力ムダを出さないことにある。茨城県は、かつてビール用の大麦「金子ゴールデン」の一大産地であったが、海外からの安価な大麦の輸入により廃れてしまった。

そこで、8代目の木内敏之社長は、耕作放棄地を復活させるために「金子ゴールデン」などの大麦を栽培し、これをビール醸造に使うことにした。また、ビールの醸造工程で出る滓（残し酵母ビール）を蒸溜して特許による梅酒も造っている。ウイスキーも、グレーンウイスキーはトウモロコシから造るのが普通だが、これにも茨城産の小麦や米を使用しているという。

木内酒造の名を世界に知らしめたのは、「常陸野ネストビール」である。1997年に大阪で開かれたインターナショナルビアサミットで「アンバーエール」が金賞を受賞したのを皮切りに、毎年のようにコンクールでの受賞歴を積み重ねている。

この影響もあってか、2009年に数量ベースで国内販売を海外販売が大きく上回り、2009年から2019年の10年間の平均では、輸出比率は156・6パーセントに及ぶ。主な輸出先は、①米国、②英国、③フランスなどで、30数か国・地域にものぼる。

常陸野ブルーイング東京蒸溜所（2019年12月開業）には、スピリッツの蒸溜装置がレストランに併設されている。ここではジンが主に造られている。しかし、常陸野ネストビールの定番商品の大半と、木内ウイスキーをはじめとして、木内酒造のほぼすべての酒類（日本酒、梅酒、米焼酎）を味わうことができる。

料理にもこだわりがある。自社のウイスキーの廃液を飲んで育った豚（常陸の輝き豚）と、ビールの麦芽かすを食べた常陸牛を使った料理はとても美味しい。メニューの一例を挙げれば、自家製ハム、「常陸の輝きソーセージ」「常陸の輝き豚の厚切りロース肉のグリル」「常陸牛のグリルステーキ」などがある。

お酒と料理がこれだけ充実した事例を、筆者は知らない。しかも、そのメニューには木内酒造の明確なポリシーが表現されている（２０２１年12月23日調査実施）。

• COEDO BREWERY THE RESTAURANT

埼玉県川越市は、さいたま市、川口市に次ぐ県内人口第3位（約35万人）の市である。川越市は観光資源に恵まれていて、人口のおよそ20倍の年間約７００万もの人が訪れる一大観光地でもある。

「小江戸」で知られる町には、蔵づくりの町並みや徳川家とゆかりの深い喜多院などがある。川越が「小江戸」と呼ばれるのは、単に町並みの趣のためではない。かつて川越藩が江戸幕府の大老や老中を輩出した藩であり、新河岸川（しんがしがわ）による水運で江戸と結ぶ物流の重要な拠点だったからである。

この地から、世界に「ＣＯＥＤＯビール」を送り出すのが株式会社協同商事である。設立は１９８２年で、朝霧重治（しげはる）が２代目社長である。協同商事の主な事業分野は、①青果卸売事業、②物流事業、③ビール事業、である。「協同」を名乗るのは、生活協同組合の青果の取り扱いから会社が出発した証である。従業員は１００人ほどいる。

このように書くと、３つの事業の関係性を意外に思うかもしれない。しかし、これらの事業には有機的な関連がある。共通項は農業である。青果卸売事業は、有機栽培などに取り組む農家の野菜を産地直送で店舗に届ける。物流事業は産地直送のためのロジスティクスを担う。ビール事業も、川越の特産品であるサツマイモを副原料として使う発泡酒から出発している。

朝霧によれば、会社のミッションは「新しい日本を切り拓く」である。

ビールは6種類ある。そのタイプ別に、「毬花 Marihana」、「瑠璃 Ruri」「白 Shiro」、「伽羅 Kyara」「漆黒 Shikkoku」、そして出発点となった製品につながる「紅赤 Beniaka」である。最後の「紅赤」だけは、副原料にサツマイモを使うため酒税法上は発泡酒となる。ほぼすべての商品が、国際的なビールコンクールで受賞を重ねている。近年、輸出比率も上昇しており（20パーセント台）、主な輸出先は、フランスや米国など25の国・地域に及ぶ。

この「COEDOビール」のすべてを味わうことができるのが、COEDO BREWERY THE RESTAURANT（2020年7月開業）である。名前のとおり、醸造所（ブルワリー）併設型レストランである。

ただし、このレストランは直営ではない。運営は飲食店専業企業に外注している。その理由は、飲食事業は専門家に任せるほうがいいという考え方のゆえだ。

実際、メニューをみてみると、多くのクラフトビールの飲食店（揚げ物などの軽食が中心）とは一線を画したアジアンエスニック料理がメインとなっている。本格的な中華料理もあれば、ベトナム料理やタイ料理を取り入れた斬新なメニューもある。野菜は協同商事の得意とする地産地消の有機野菜が中心である。ここに、海外も含めてクラフトビールの飲食店を食べ歩いた朝霧の姿勢が明示されている。

筆者も、生牡蠣からはじまり、小籠包やザーサイのナムル、ベトナム風生春巻き、栗豚ハニーローストなどをお供に、6種の「ＣＯＥＤＯビール」をいただいたが、ペアリングが新鮮であった（２０２１年12月28日調査実施）。

●はせがわ酒店「東京駅酒造場」

株式会社はせがわ酒店は、１９６０年創業の酒類小売店である。東京都内に7店舗をもつ。長谷川浩一社長は、若い頃から全国の蔵元を訪ね、あまたの銘酒を発掘し、「全国区」に広めてきた。「十四代」（高木酒造）、「東一」（五町田酒造）、「磯自慢」（磯自慢酒造）、「醸し人九平次」（萬乗醸造）など、枚挙にいとまがない。従業員は70人ほどいる（２０２２年2月現在）。

はせがわ酒店は、ＪＲ東日本東京駅構内の商業施設「GranSta 東京」内の店舗を2020年8月にリニューアルオープンするにあたり、「清酒製造免許」（国税庁の「免許等区分」では「試験免許」（https://www.nta.go.jp/taxes/sake/menkyo/shinki/seizo/02/r02/02/07.htm 2022年5月9日閲覧）を取得して「東京駅酒造場」を開設した。同時に「その他の醸造酒」と「リキュール」の製造免許も取得したので、日本酒だけではなく、どぶろくも製造・販売している。

興味深いのは、店舗内にバーがあり、「東京駅酒造場」で醸された日本酒を飲むことができることにある。

先に述べたように、日本酒の蔵元に飲食店が併設されているケースはあまたある。だが、東京都心において、クラフトビールのように、その場で醸造された日本酒を味わうことができるのは、「東京駅酒造場」がおそらく初めてであろう。

ただし、「東京駅酒造場」が先に紹介した2つの例と異なるのは、その場で調理された料理を提供しないことにある。これは、はせがわ酒店のビジネスがあくまでもお酒の小売りだからである。全国のお酒を販売する隣で、その有料の試飲が主目的なのである。

しかし、市販されている各種の酒肴（しゅこう）は取りそろえているので、筆者は珍味と日本酒とを楽しむ「日本酒バー」として使っている。もちろん長居は禁物だが、そのように使うこともできる。

「東京駅酒造場」の目的は、「お酒を造る姿を見せたい」ということにある。それなので、きわめてコンパクトなスペースに、洗米、蒸米、製麴（せいきく）、上槽、瓶詰めまでの全工程が凝縮されている。ほとんどの製造設備が小ささを追求した特注品である。蔵人は、社内で募集した社員2名。醸造のための新規の雇い入れではない。蔵元での修業を経て、「東京駅酒造場」に配置されているのだ。

醸す日本酒は、酒米が山田錦、酵母はきょうかい9号というベーシックなもので、搾りは袋吊りで生のままの無濾過である。

要するに、はせがわ酒店の「東京駅酒造場」のコンセプトは、「お酒を造っているところを見ることができます、お酒が買えます、お酒を飲めます」という日本酒の全体像をアピールするところにある。

日本酒の製造から販売までの全体像を、東京駅という全国の、そして全世界からの旅行者が行き交うターミナルで示すという姿勢はとても魅力的である（2021年12月21日調査実施）。

プレイス・ベースト・ブランディング

これまでの3社のケースを、どう考えたらいいだろうか。

まず通常は、「差別化」とは「製品」について語られる。しかし、他の製品と機能面で異なる製品は、製品の仕様（たとえば、純米大吟醸酒か普通酒か）を見れば明らかである。その製造工程をわざわざ見せる必要はない。

また、製造工程を見せるだけならば、工場見学と試飲で十分である。事実、大半の大手ビールメーカーの工場やウイスキー蒸溜所は見学を受け入れている。全国に9か所あるキリンビールの工場には、年間80万人ほどが訪問するという。

では、なぜ小規模な「併設飲食店」なのか。それは、単なる工場見学や無料の試飲とは異なるからだ。料理とともに自社製品を供することにより、造りに込めた独自性や地域性という、製品のストーリーをより明確に打ち出すためである。この手法を「プレイス・ベースト・ブランディング」という（大森2021）。地域資源の活用と体験の共有によるブランド化という意味である。

工場見学と試飲時間は、どこでも90分前後が通例である。これに対し、併設飲食店では、ゆっくりと時間をかけて、製造装置を眺めながら、またはスタッフから説明を聞きながら、そこで醸されたお酒と食事を楽しむことができる。この体験は、深く記憶に刻み込まれるであろう。あるいは、より多くのＳＮＳでの発信を誘うであろう。

これにより達成される差別化は、単なる製品差別化ではなく、その場での経験に根ざす差別化である。このことを端的に示すのは、常陸野ブルーイング東京蒸溜所とＣＯＥＤＯ ＢＲＥＷＥＲＹ ＴＨＥ ＲＥＳＴＡＵＲＡＮＴの事例であろう。

先にも述べたが、「常陸野ネストビール」はすでに世界的に知名度も高い。あえて併設飲食店というコストをかけて宣伝する必要はない。そこで伝えたいのは、醸造・蒸溜工程で出た排出物を飼料とした豚や牛の料理を供するという、循環型の経営方針である。また、木内酒造が日本酒の蔵元から出発して、各種の酒類に挑戦してきた歴史も同時に伝えられる。

協同商事も「COEDOビール」の宣伝のために併設飲食店を設置しているのではない。協同商事の端緒となった、有機野菜を使う料理や、地元川越のサツマイモを副原料に使うビールを提供する企業としての方針を伝えようとしているからだ。また、多くのクラフトビールの併設飲食店にありがちな、揚げ物などとは異なる本格料理とのペアリングを提案している。

これらに対して、はせがわ酒店は小売業であり、醸造業ではない。それゆえ、そもそも店舗に製造装置を置く理由は存在しない。むしろ製造装置は、売り場面積を狭めて収益機会を逸することにさえなる。

しかし、はせがわ酒店は、東京駅に酒造場を立ち上げ、日本酒をどう醸すのかを見せ、店内で賞味できるようにした。これにより、取り扱う商品の背後にある醸造に消費者の視線を向けさせ、潜在的な需要を掘り起こそうとしていると解釈できる。

以上の意味で、醸造所・蒸溜所が併設された飲食店は、きわめて魅力的で有望な差別化戦略である。

第8章　ノンアルコール市場の拡大

選択肢の多様化の先にあるもの

近年、「ソバーキュリアス」という言葉が日本でも認知されてきたことをご存じだろうか。

sober（しらふ）に curious（興味津々）を合体させた言葉で、お酒は飲めるけれど「あえて飲まない」生き方を意味する。ルビー・ウォリントン『飲まない生き方 ソバーキュリアス』（2021年、原著 Warrington 2018）の刊行以来、飲食スタイルに関する世界的な流行のひとつになっている。お酒を飲まないことにより、睡眠の質が改善し、胃腸の調子もよくなり、仕事の生産性もアップする。失うものは何もない、というのがウォリントンの主張だ。

もちろん、飲まない生き方も尊重されるべきだが、お酒を飲めば食事が美味しく、気分もよくなる。しかし、ある一定量を超えると、「泥酔」状態になり、翌日は二日酔いなど後悔する朝を迎えることになることもまた事実だ。

いったい酒の功罪は、医学・疫学や脳科学の観点から、どう分析されているのだろうか。

酒は百薬の長か

「塩は百肴の将、酒は百薬の長」とは、『漢書』に出てくる王莽の言葉である。しかし、吉田兼好の『徒然草』では、「百薬の長とはいえど、万病は酒よりこそ起これ」と否定的である。実は、古典におけるこの両論の対立が、現代の科学的観点からも確認されている。

酒の功罪を論ずる前に、酔うとはどういうことなのかを確かめよう。

酔うとは、一言でいえば、アルコール飲料に含まれるエタノールが体内で吸収され脳に作用して、興奮と抑制をもたらす状態である。摂取されたエタノールの量によって、脳の抑制が徐々に解除されて、「爽快期」「ほろ酔い期」「酩酊期」「泥酔期」「昏睡期」へと進む。最悪の場合、急性アルコール中毒により死に至ることもある。

では、なぜ、人は死に至るほどの危険のあるアルコール飲料を飲むのだろうか。それは、吸収されたエタノールが脳内にドーパミンを放出して、「気持ちよい」状態をつくり出し、それを脳の「報酬系」という神経回路が「ご褒美」として捉えるからである。これを脳が記憶して、アルコールを欲するようになるわけだ（武井2022）。

Jカーブ効果

話を酒の功罪に戻そう。お酒の功罪の科学的証拠として挙げられるのは、Jカーブ効果である。縦軸に疾病のリスク、横軸に飲酒量を取ると、飲酒量が少ない領域ではリスクが下がるが、ある一定値を超えるとリスクが反転・上昇するという疫学研究の結果である。

図表1にみるように、非飲酒者と比べると、1日に純アルコール20グラム程度までの飲酒はリスクを下げている。つまり、「適量の飲酒は健康によい」という説が成り立っている。なお、禁酒者のリスクが非飲酒者と比べて高いのは、飲酒に伴う病気などが原因で禁酒したためと解釈できる。

しかしながら、Jカーブ効果には、いくつか抜け落ちている点がある。

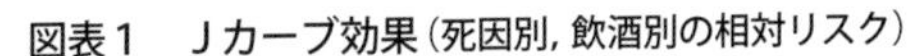

図表1　Jカーブ効果（死因別，飲酒別の相対リスク）

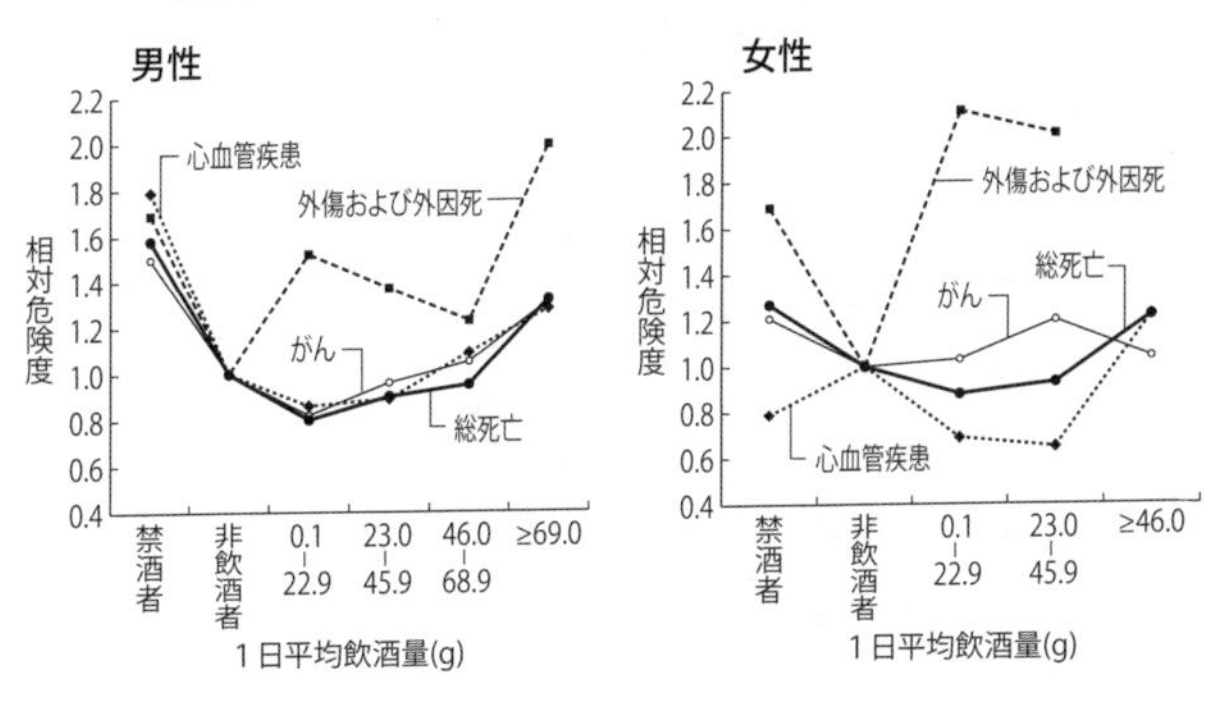

［注］1　40歳から79歳の男女約11万人を9年〜11年追跡した
　　　2　死亡率の相対リスクは，年齢・BMI・教育歴・喫煙・運動・糖尿病と高血圧の既往で補正されている

［出所］厚生労働省「e-ヘルスネット」
https://www.e-healthnet.mhlw.go.jp/information/alcohol/a-03-001.html
出典は Lin Y., Kikuchi S., Tamakoshi A. et al. (2005)

第1に、Jカーブ効果が成り立つのは、虚血性心疾患や脳梗塞などであり、アルコールに起因する3大疾病ともいえる脂質異常症、脳出血、肝硬変には当てはまらない。それらの疾病リスクは、飲酒量の増加とともに確実に増大する。

第2に、Jカーブとは、飲酒量と疾病リスクとの間の「相関関係」なのか、「因果関係」なのか、ということである。

「相関関係」とは、2つの変数の間に、因果の方向は問わずに関連があることを意味する。これに対して

「因果関係」とは、原因と結果の方向を特定することを意味する。Jカーブに即していえば、「お酒を飲むから元気なのか」、それとも「元気だからお酒を飲めるのか」という問題である。

これに関しては、「因果関係」とまではいえないというのが通説である。いずれにせよ、「適量飲酒」の「適量」は、実のところ、ごくわずかである。純アルコールで1日20グラム、つまり日本酒だと1合程度、ビールだと500ミリリットル缶1本である（伊豆 2022）。

筆者にいわせると、「わかっちゃいるけどやめられない」ところに、お酒の本質がある。飲む理由は、後からいくらでも付いてくる。「今日はいいことがあった」「今日は疲れた」「上司とも部下とも話が合わずやってられない」等々。要するに、お酒は「依存性のある向精神薬」なのである。

しかし、お酒は覚醒剤などの禁止薬物とは異なり、作用は穏やかで長期的である。ここに、お酒に対する自己抑制が働く余地がある。再び私事だが、肝臓系や中性脂肪値などの健診の結果が悪化してくると、「最後の晩餐」までお酒を楽しみたいと考えているので、休肝日を増やすなどして、平均値で1日純アルコール20グラムまで減らしていく。その結果は、健診数値に明確に出てくるから、モチベーションの維持も比較的に容易である。

「酒は百薬の長か」に対する答えは、結局のところ、「その人の意思次第で薬にも毒にもなる」のである。

非飲酒者の増加

お酒が健康によいか悪いかにかかわりなく、体質的にアルコールを受け付けない「飲めない人」や、体質的には飲酒可能でも「飲まない人」もいる。

そもそも、「飲めない人」や「飲まない人」はどれくらいいるのだろうか。**図表2**は、2019年現在の調査で、お酒を飲まない人の割合を示す。男性で38・1パーセント、女性で70・3パーセントである。男女計の加重平均値は55・1パーセントである。

この数字は、現在と同じ調査方式（医師の問診ではなく自己記入のアンケート方式）

図表2　年齢別非飲酒者の割合

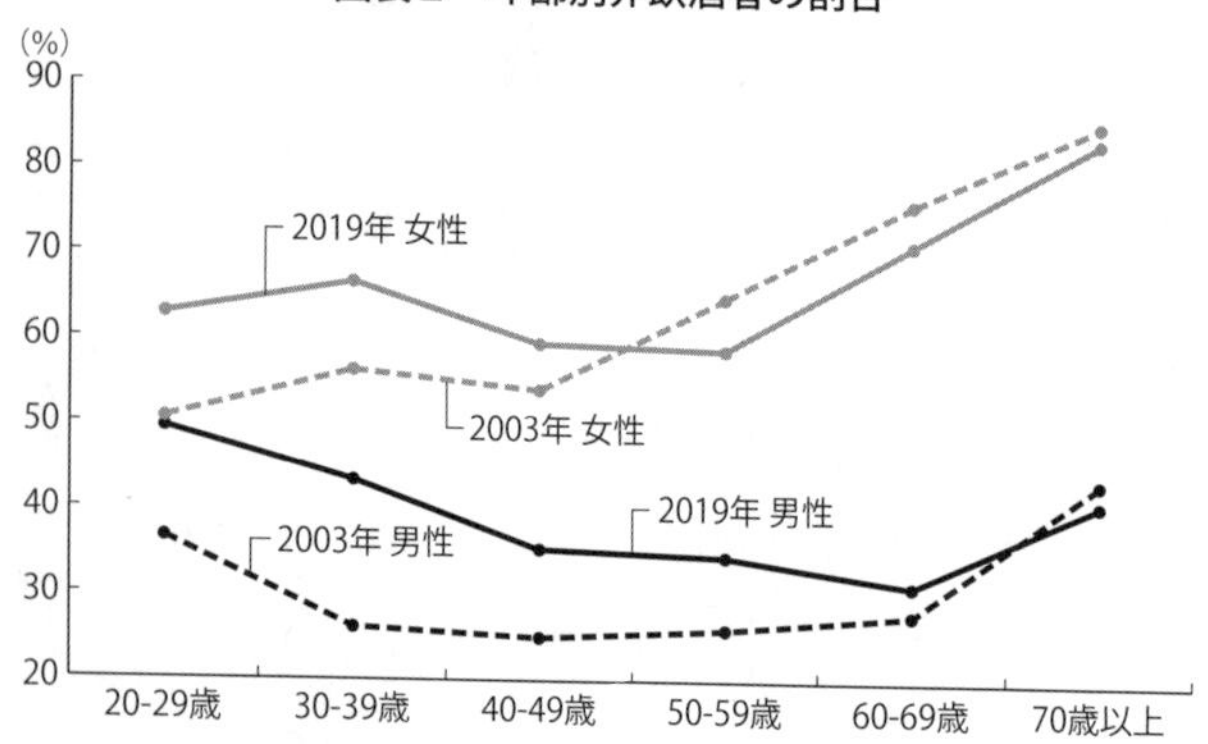

［注］　質問文と回答は以下の通り。図の数字は回答６～８の合計である
「あなたは週に何日位お酒（清酒，焼酎，ビール，洋酒など）を飲みますか。あてはまる番号を１つ選んで○印をつけて下さい。」
1. 毎日，2. 週５～６日，3. 週３～４日，4. 週１～２日，5. 月に１～３日，6. ほとんど飲まない，7. やめた，8. 飲まない（飲めない）
［出所］厚生労働省「国民健康・栄養調査」

がはじまった、２００３年の49・4パーセントと比べると増加している。つまり、日本人の成人の過半数はお酒を飲まない。

この図表を詳しく眺めると、いくつか興味深い事実が浮かび上がってくる。

第1に、お酒を飲まない人の割合には、明確なジェンダーギャップがある。主に女性が飲まないから平均値が5割超えになっている。

第2に、女性でお酒を飲まない人の割合は、年代によって上昇（30歳代）・低下（40～50歳代）・上昇（60歳以上）となっている（２０１９年）。これに対し、男性の飲まない割合は、加齢とともに連続的に低下して、70歳以上になると上昇する。

第３に、２００３年と比較した非飲酒者の増大には、各年齢層で非飲酒者が増えた男性が寄与している。

要は、女性のお酒を飲まない割合の変化には、妊娠・出産などの影響があることが推察される。また、近年の非飲酒割合の増加は、飲む人の母数の大きい男性の影響が大である。また40歳未満男女の「酒離れ」が顕著である。

ノンアルコール市場の拡大

こうした非飲酒者の増加に伴い、ノンアルコール飲料の市場規模が拡大している。以前は、宴会の場で、飲めない・飲まない人は、緑茶やウーロン茶に選択肢が限定されていた。しかし最近は、ノンアルコールビールなどのノンアルコール飲料を飲むことができるようになった。

図表３は、サントリーが調査した、緑茶やウーロン茶以外のノンアルコール飲料

図表3　ノンアルコール飲料市場の推移

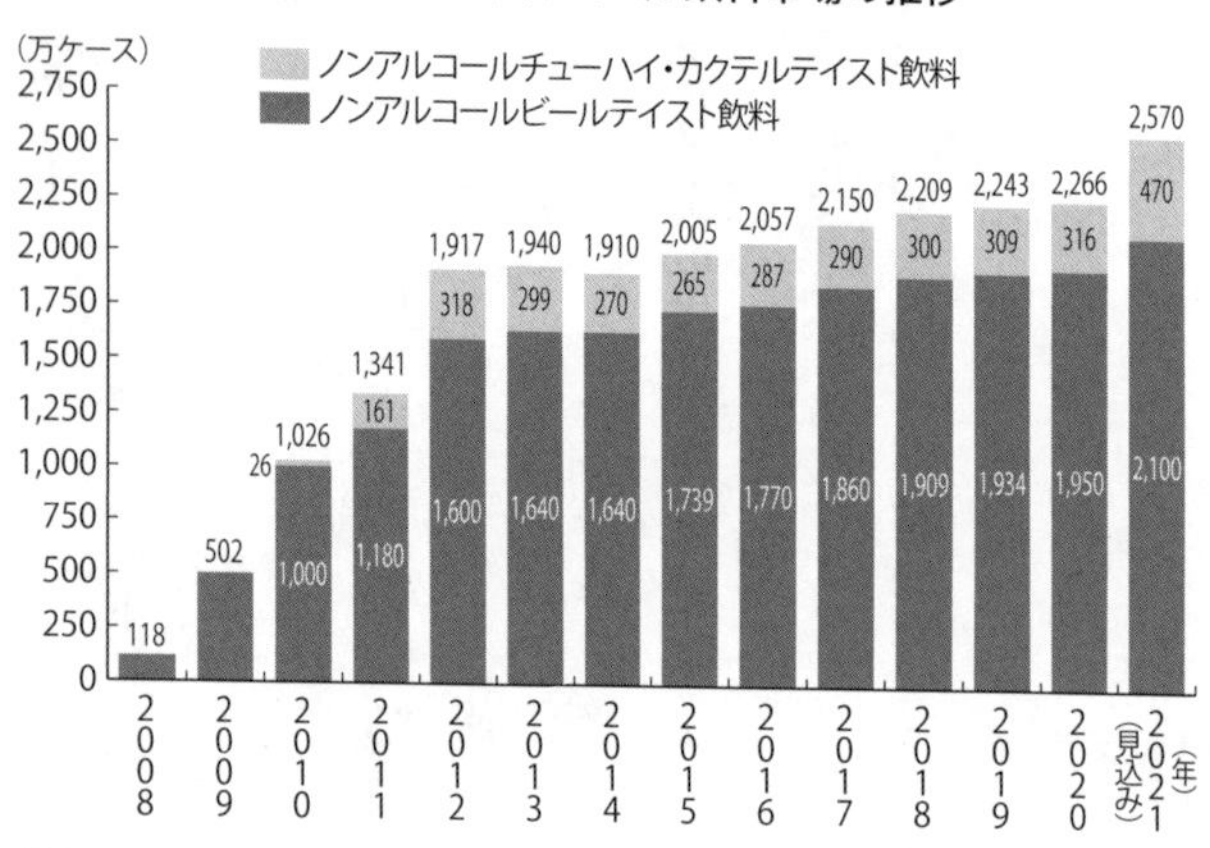

［注］1　ノンアルコール飲料とは，ノンアルコールのビールテイスト飲料とチューハイ・カクテルテイスト飲料（原表では RTD テイスト飲料と表記）を意味する
2　1ケースは大瓶換算で633ml ×20本を意味する
［出所］サントリー「サントリーノンアルコール飲料レポート2021」
https://www.suntory.co.jp/news/article/mt_items/14008-1.pdf

の市場規模の推計である。ノンアルコールビールテイスト飲料では、キリン「キリンフリー」（2009年発売）が嚆矢（こうし）となり、サントリー「オールフリー」（2010年発売）のヒットなどが、2009年から2012年にかけて市場規模を3倍に増やした。加えて、ノンアルコールのチューハイ・カクテルテイスト飲料も増えている。

ノンアルコールビールの製法

ノンアルコールビールの製法

は、味や品質に直結する。このため、ビールメーカーは製法の詳細を開示していない。ただし、アルコール度数がゼロということは、各社とも発酵工程はないと推測される。

これに対して、アサヒビールが最初に投入した微アルコール飲料「ビアリー」は、ビールを製造した後に、低温蒸留してアルコールを0・5パーセントまで除去する方法を採っている。このため、完全なノンアルコールビールよりも、ビールの味わいに近いものの、酒税法上はアルコール度数1パーセント未満なので、酒とは分類されない。

ノンアルコール飲料が選ばれる理由

では、なぜノンアルコール飲料が求められるのか。**図表4**はその理由を示している。飲用経験者全体では、「車を運転したいから」（25・8パーセント）がトップで、2位が「お酒を飲んだ雰囲気が味わえるから」（23・3パーセント）、月1回以上飲用者でトップは、「健康に気をつけたいから」（36・1パーセント）である。

図表4　ノンアルコール飲料の飲用理由（複数回答）

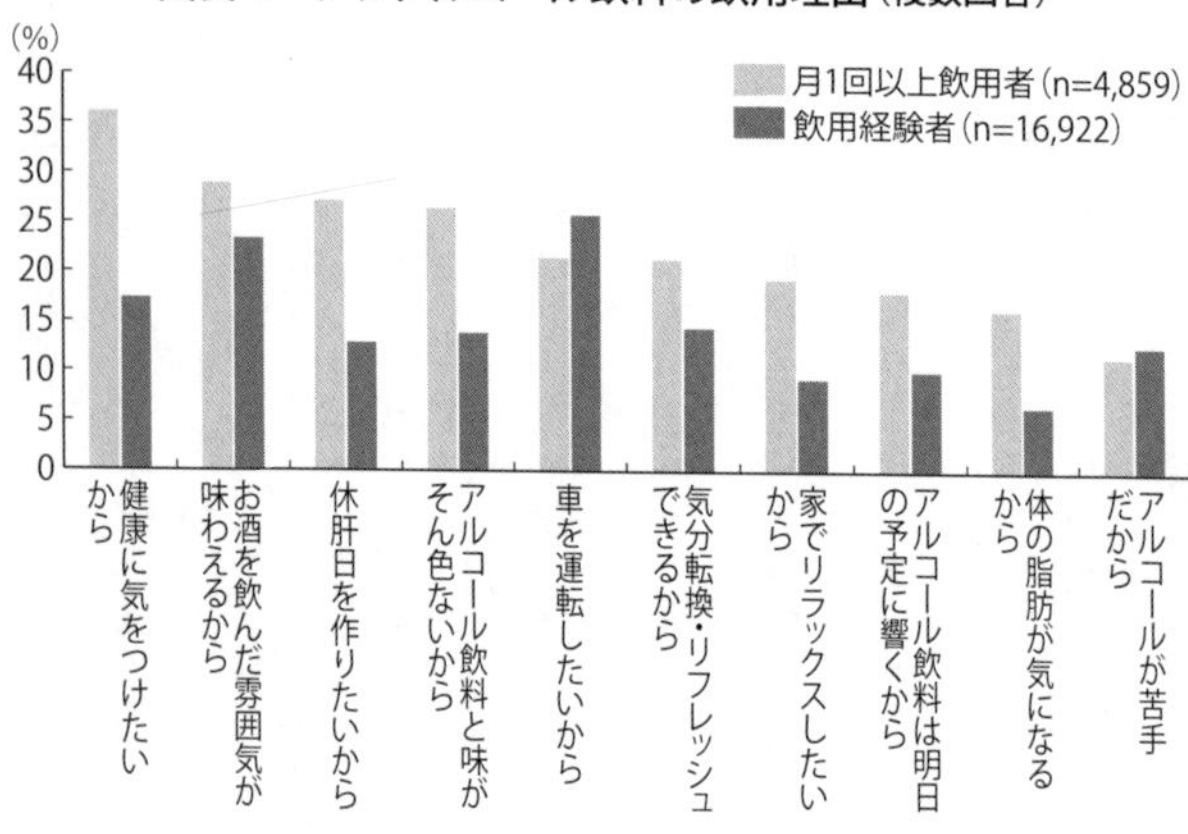

［出所］サントリー「サントリーノンアルコール飲料レポート2021」から筆者作成
https://www.suntory.co.jp/news/article/mt_items/14008-1.pdf

筆者の考えでは、ノンアルコール飲料は、お酒を飲む人にとってのアルコールの代用品である。「車を運転したいから」や「お酒を飲んだ雰囲気が味わえるから」という回答がその証左である。お酒を飲めるのに、「飲めない事情」があってノンアルコール飲料を楽しんでいる。

逆にいえば、体質的にお酒を飲めない人にとって、ノンアルコール飲料はそもそも選択の範囲外と思われる。今でも、お酒の飲めない人の選択肢は、緑茶やウーロン茶であろう。人気マンガでテレビドラマ化もされている『孤独のグルメ』の主人公、井之頭五郎を持ち出すまでもなく、筆者の交友範囲でも、お酒を飲めない人は、ほとんどが緑茶やウーロン茶を選ぶ。

ここまでは、読者にとっては周知のことかもしれない。しかし、「ゲコノミクス」を提唱する藤野（2020）によれば、ノンアルコール市場には別の拡大余地があるという。すでに図表２でもみたように、日本人の半数以上が非飲酒者である現状に対して、飲食業界が料理とのペアリングも考えたノンアルコール飲料の提案を増やせば、酒類の出荷金額３兆６０００億円の約10パーセント、すなわち３０００億円程度の市場規模になりうると、藤野は予測する。

代表的な事例として挙げているのは、代々木上原のフレンチレストラン「sio（シオ）」である。ここは『ミシュランガイド』で１つ星を獲得している。「sio」では、ワインのペアリングと同じ料金で、お茶をベースにしたノンアルコール飲料のペアリングを提供している（ただし、２０２２年現在では、アルコールのペアリングは２０００円ほど高くなっている）。

さらには、カクテルならぬモクテル（mock〔似せた〕とcocktail〔カクテル〕の造語）を供するバーも誕生しており、コカコーラ・ボトラーズ・ジャパン株式会社も、飲食店向けモクテルのレシピの提案に力を入れている。これが奏功すれば、ノンアルコール飲料市場の拡大に寄与するであろう。

ノンアルコール飲料市場の拡大は、実は世界的な傾向でもある。調査会社statistaの推計によれば、世界のノンアルコール飲料の売上高は、2022年には1・65兆米ドルになるという。さらに、2026年までに年平均成長率6・33パーセントで増大する。また、売り上げの42パーセントが外食市場で占めるようになるとしている（https://www.statista.com/outlook/cmo/non-alcoholic-drinks/worldwide 2022年5月5日閲覧）。

選択肢の多様化の先にあるもの

お酒を飲めない・飲まない人にとって、各種のノンアルコール飲料の登場は、選択肢が拡大しているという意味では、「自由」の拡大である。

ノーベル賞を受賞した、経済学者のアマルティア・セン（ハーバード大学教授）

の言葉を借りれば、アルコール飲料という財が与えられたときに、その財の効果や副作用などの知識（これを「潜在能力」という）を用いて、多様な選択肢（決めたものを飲む、アルコール度数を選びながら飲む、お酒を飲まない）から選びうることこそが、「自由」の拡大であるという。

ここで、センの考えで重要になってくるのが、複数の財の特性を見抜く「潜在能力」である。それは、単に酒類の特徴のみならず、アルコールのもつ健康面への悪影響といった知識も含む。お酒は食事を美味しくし、コミュニケーションを円滑にする。だが、同時に依存性もある。そういう知識をもった上で、飲むか、飲まないか、を自ら決めうることが経済学からみた「自由」なのである（都留2020）。

その意味では、ノンアルコール飲料を含む選択肢が多様化することは、消費者にとっては自由の拡大という意味で歓迎すべきことであろう。

こうした選択肢の拡大という視点からみると、ノンアルコール飲料の選択肢の幅はまだ狭い。

繰り返すが、たとえば、ノンアルコールビールは、ビールの代用品である。飲酒者にとっては、「車を運転する」ときの格好の飲み物であるが、非飲酒者の多くにとっては魅力に乏しい。そもそもお酒を飲めない人が、ノンアルコールビールを求めるとは考えにくいからである。

酒離れが進んでいくと、代用品としてのノンアルコールビールも頭打ちになり、やがては減少に転じるはずである。

もう少し具体的に説明しよう。アルコールの非飲酒人口が、2019年の55・1パーセントからさらに増えて、60パーセントや70パーセントになったとき、アルコールの代用品としてのノンアルコール飲料も今ほどは求められなくなるはずだ。

しかし、多くの人にとって、親しい友人や仕事仲間との会食は楽しみなことであろう。そのとき、お酒を飲めない・飲まない人にとっての定番的な選択肢は、ノンアルコールビールやウーロン茶しかない。これではあまりに寂しすぎないか。

お酒を飲む人も確実に健康志向を高めている。ここに着目して、飲酒者にも休肝日だけではなく、お酒と組み合わせたノンアルコール飲料の摂取を提案することが重要である。要は、医学・疫学研究において明らかにされているJカーブ効果（適量飲酒は一定の範囲内での疾病リスクを下げる）を前提にして、「お酒を飲む日もノンアル」を打ち出すのである。お酒を飲まない人も、ノンアルコールビール以外の多様な選択肢があれば、それを求めるだろう。

先に述べたように、筆者自身もこれを実践している。すなわち、「とりあえずノンアルコールビール」に続いて、本物の日本酒またはワインを楽しむ。ビール好きの方には、クラフトビールとモクテルという組み合わせもいいかもしれない。

こう考えると、ノンアルコール飲料の可能性と視界は、一挙に開けてくるのではないだろうか。逆にいえば、健康志向時代のお酒の可能性と視界を広げることにもなる。

求められるのは、お酒を飲む人も、飲めない・飲まない人も楽しめる、ノンアルコール飲料のさらなる開発だ。そのときに大事なのは、料理とのペアリングであろう。

おわりに　お酒のこれからを考える

多様化が進む国内市場

本書を閉じるべき場所に来た。日本のお酒はこれからどうなるか。本書の最後に、日本のお酒を取り巻く環境が今後、どのように変わっていくのかを展望してみたいと思う。

国内市場が縮小する一方で、多くの変化が起きている。

第1に、酒類課税移出数量（出荷量）の動向である。課税数量は1999年度の1017万キロリットルをピークに反転したが、ここ10年ほどはピーク時の約9割程度で漸減していた。

これが、新型コロナウイルスの感染拡大の影響を受けた2020年度は、814万キロリットルまで減少した。コロナ禍の影響が深刻化した2021年度の落ち込みは、さらに大きなものとなろう。だが、コロナ禍が落ち着きを取り戻しつつある2022年度から、徐々に回復の兆しもみえはじめている。ただ長期的には緩やかな減少を続けると予測される。

第2に、国内消費の構成の変化である。首位は常にビールと発泡酒であったが、2020年度にリキュールに交代した。政府の統計では、リキュールの内容は開示されていないが、2パーセント以上のエキス分（レモン果汁など）を含むチューハイと「新ジャンル」（第3のビール）が多くの部分を占めると推測される。梅酒もそこに含まれる。

それ以外では、日本酒や焼酎が減少する一方で、スピリッツ（ジンやウオッカなど）やウイスキーが伸びるなど、消費の多様化が進展している。

第3に、日本酒とワインにおける内需の高級化である。日本酒では、特定名称酒（特に純米酒や純米吟醸酒）の割合が2020年度に34パーセントに達し、単価も2

011年以降急上昇している（国税庁課税部酒税課・輸出促進室2022）。ワインでは、国内製造ワインの中で単価の高い日本ワインがわずかではあるが伸びている（国税庁「酒類製造業及び酒類卸売業の概況」各年）。これも多様化の一環と考えられる。

製品差別化と市場創出の重要性

本書で取り上げた新たな挑戦者たちは、現状では需要の伸びが見込めない分野や海外の競合相手が非常に強い市場に、あえて新規参入してきた。日本酒、日本ワイン、クラフトジンなどがその代表例であった。そこに共通するのは、従来とは異なる発想での製品差別化と新たな市場を創出するという意気込みである。

日本酒については、近年の主な製品差別化は、純米大吟醸酒に特化する旭酒造による垂直的差別化と、完全無添加の生酛造りや木桶の使用など原点回帰をする新政酒造による水平的差別化に対して、どこに位置を取るかという方向に進んできた。

これに対して、地域再生などを究極の目標に掲げて、従来とは次元を異にする新たな挑戦者たちが現れてきた。全国の傾向とは異なり、蔵元数を減少から増加に転じさせるきっかけをつくった北海道の上川大雪酒造や、福島第1原子力発電所の爆発事故で帰還困難区域に指定され、人口がゼロになった地域を再生しようとする福島県のhaccobaがその好例であろう。こうした動きは、今後ますます増えるに違いない。これは単なる製品差別化や地域再生だけではなく、低迷する日本酒市場の活性化という意味も併せもつ。

もうひとつ、ジンでは、クラフトジンの海外での市場拡大に伴って、日本でも参入がはじまったことを取り上げた。その際の製品差別化のポイントは、海外のクラフトジンにはない日本ならではの素材をどう取り入れるかにあった。

京都蒸溜所「季の美」は、海外に例のない米を原料とするスピリッツを使い、可能な限り京都産の素材にこだわった。サントリー「ROKU」は、日本の四季を体現する素材（桜花や煎茶など6種類）を使い、なおかつ海外市場向けにも量産が可能な調達・製造体制を組んだ。

さらに重要なのは、同社の「翠」である。「ROKU」で培ったノウハウを活かしながら和の素材を3種類に絞り込んで価格を抑え、食事との相性のよさを追求して、新たなジン市場を創出した。

これらの挑戦により、日本のクラフトジン市場は急拡大し、新規参入も相次いでいる。

消費が停滞・減少する産業では、製品差別化だけでは不十分であり、需要や新たな市場の創出が重要である。これは、国際競争力の低下が著しい日本産業全体への貴重な教訓となろう。

コミュニケーションとネットワークの回復

この2、3年、コロナ禍によって、学生や社員の歓送迎会、友人・知人との飲み会もできなくなり、人と人とのつながりが希薄になってしまった。東日本大震災からの復興への合言葉は「絆」だったが、コロナ禍のキーワードは「ソーシャル・ディスタンス」となった。かくして「絆」は断ち切られた。

もちろん、リモートワークが当たり前になったことは評価すべきであろう。オンラインで済むことはオンラインで済ませる方が効率的だ。

しかし、筆者自身の職場におけるコミュニケーション分析では、非定型的でむずかしい問題の解決のためには、必要な情報を持つキーパーソンとのつながり（ネットワーク）や対面コミュニケーションは重要である（都留2018）。これはコロナ禍以前の研究であるが、基本は変わらないと考える。

お酒に話を戻すと、お酒などの嗜好品にはコミュニケーションの促進やネットワークの構築という効果があることも実証されている（小林編2020）。

これに対しても、オンライン飲み会も便利だという意見もあろう。だが、情報通信企業である株式会社プラネットが実施した「オンライン飲み会に関する意識調査」（2020年10～11月実施、回答者数4000人）によれば、飲み会に「対面型（オフライン）で参加したい」とした割合は42・5パーセントにのぼり、「オンラインで参加したい」は8・3パーセントに留まった（https://www.planet-van.co.jp/shiru/from_planet/vol146.html　2022年5月25日閲覧）。

当然の結果だと思う。オンライン飲み会では、相手のお酒や料理の美味しさをその場では共有・体験できない寂しさがある。いいかえれば、本書の第6章「居酒屋」で明らかにしたように、居酒屋は、お客が店主や店員と会話しながら、本日のお勧めのお酒や料理を参加者がともに楽しむ空間であるが、この空間をオンライン飲み会はけっして代替することはできないのである。

コロナ禍が終息すれば、コミュニケーションとネットワークの回復は急務となる。その際、お酒（飲めない・飲まない人にはノンアルコール飲料）の果たす役割は依然として大きい。逆説的にいえば、人々はコロナ禍を通じて、お酒の役割を再認識したのではないか。

歴史を振り返れば、ビールやワインの歴史はおそらく紀元前数千年にさかのぼることができよう。だが、文献や記録で確認できるのは、ビールは紀元前３０００年頃のバビロニア（渡編著 2018）、ワインも紀元前２０００年頃の同じバビロニアだという（酒類総合研究所 2007）。以降、ときには王権を支え、ときには宗教と結びつき、ときには饗宴に供されて、お酒は社会関係の形成・維持に重要な役割を演じてきた。マクガヴァンの巧みな表現を借りれば、お酒は「人間関係を円滑にする「社交の潤滑油」」として発展してきたわけだ（McGovern 2009）。

それと同時に、お酒には禁忌の歴史もある。古くは古代エジプトの禁酒令（紀元前1100年頃）、新しくは米国の禁酒法（1920〜33年）が有名である。この歴史の延長線上で考えると、お酒の未来も推奨と禁忌の繰り返しになると思われる。その意味で人間はお酒をけっして手放すことはないだろう。

これを結びの言葉として本書を閉じよう。

あとがき

本書の執筆を開始したのは2021年4月であったから、1年以上の時が流れた。このように長時間を要したのは、筆者の遅筆のゆえであるが、北は北海道から南は和歌山県まで、約30事業者の聞き取り調査を行いながらの執筆となったためでもある。その意味で文字通りの長旅となった。

筆者の畏友である森田穂高氏（一橋大学経済研究所）は、本書のすべての章の草稿を読み、経済学とりわけ産業組織論の観点から、貴重なご示唆やご教示をいただいた。もちろん、ありうる誤りはすべて筆者の責任に属する。

三菱UFJリサーチ&コンサルティング株式会社の「地方食文化研究学会」のメンバーである井上洋一、岸辺優成、島村哲生、園原惇史の諸氏は、いくつかの章の草稿への重要なコメントをくださった。

学生時代からの親友である虎尾治氏は、すべての章の草稿に目を通し「読みやすさ、わかりやすさ」という観点から詳細なコメントや助言を頂いた。

以上の諸氏には、心から感謝を申し上げたい。なお、紙幅の都合上、お名前を挙げることのできなかった方々も多数いらっしゃるが、その方々のコメントやご教示への感謝の気持ちにいささかも変わりない。

本書のようなさまざまな酒類の実態調査のためには、実務家の助言は欠かせなかった。藤野勝久氏（メルシャン株式会社）は、日本ワインの歴史と現状に関する詳細な情報を提供くださった。また、今田周三氏（日本の酒情報館）は、日本酒や居酒屋の現状に関してご教示くださった。さらに、喜多常夫氏（きた産業株式会社）は、本書で使用した梅酒のデータを提供していただいたのみならず、研究の方向性へのご示唆をいただいた。

本書は、一橋大学経済研究所「共同利用・共同研究拠点事業」の２０２１年度研究プロジェクト「政府統計ミクロデータとＰＯＳデータとを用いた日本酒及びワイン産業の内需高級化と輸出拡大の実証分析」研究代表者：佐藤淳（金沢学院大学）の研究成果の一部である。

最後に、平凡社新書編集部の和田康成氏には心からの謝意を表したい。各章を書き上げるたびに、国立の「ロージナ茶房」で詳細なコメントと激励をいただいた。本当にありがとうございました。

2022年5月

風薫る一橋大学の研究室にて　都留 康

参考文献

はじめに

醸造産業新聞社（2022）『酒類産業年鑑２０２２』
国税庁課税部酒税課・輸出促進室（2022）『酒のしおり』

第1章

喜多常夫（2015）「18世紀までに創業した清酒・焼酎蔵元２９６社の創業年順リストとその分析」『日本醸造協会誌』１１０巻９号、pp. 604-616
小泉武夫（2021）『日本酒の世界』講談社
国税庁（2000）『国税庁50年史』財団法人大蔵財務協会
佐藤淳（2021）『國酒の地域経済学——伝統の現代化と地域の有意味化』文眞堂
鈴村興太郎（2004）「競争の機能の評価と競争政策の設計——ジョン・リチャード・ヒックスの非厚生主義宣言」『早稲田政治經濟學雜誌』第３５６号、pp. 16-26
都留康（2020）『お酒の経済学——日本酒のグローバル化からサワーの躍進まで』中央公論新社
吉田元（2013）『近代日本の酒づくり——美酒探求の技術史』岩波書店
Suzumura, Kotaro and Kazuharu Kiyono (1987) "Entry Barriers and Economic Welfare," *Review of Economic Studies*, Vol. 54, Issue 1, pp. 157-167

第2章

麻井宇介（2001）『ワインづくりの思想』中央公論新社
鹿取みゆき（2011）『日本ワインガイド――純国産ワイナリーと造り手たち』虹有社
河合香織（2010）『ウスケボーイズ――日本ワインの革命児たち』小学館
佐藤吉司（2018）「酒造技術者浅井昭吾と著述家麻井宇介の足跡と業績」『麻井宇介著作選』イカロス出版、pp. 760-776
玉村豊男（2013）『千曲川ワインバレー――新しい農業への視点』集英社
戸塚昭・東條一元（編）（2018）『新ワイン学』ガイアブックス
仲田道弘（2020）『日本ワインの夜明け――葡萄酒造りを拓く』創森社
日本ワイン検定事務局（2021）『日本ワインの教科書――日本ワイン検定公式テキスト』柴田書店
林農園（2011）『林五一の生涯――桔梗ヶ原物語』林農園（非売品）
宮久保真紀（2002）「甲府城内葡萄酒醸造所について――国産ワインの発祥地甲府」『山梨県埋蔵文化財センター・山梨県立考古博物館研究紀要』18、pp. 55-68
山本 博（2013）『新・日本のワイン』早川書房
Bó, Pedro Dal (2005) "Cooperation under the Shadow of the Future: Experimental Evidence from Infinitely Repeated Games," *American Economic Review*, Vol. 95, No. 5, pp. 1591-1604.

第3章

柑出版社（編）（2011）『梅酒の基礎知識』柑出版社
明星智洋（2019）「梅酒の基本を知ろう。」『たる』444, pp. 8-11
山口 瞳・開高 健（2003）『やってみなはれ みとくんなはれ』新潮社

Levinthal, Daniel A.(1998) "The Slow Pace of Rapid Technological Change: Gradualism and Punctuation in Technological Change," *Industrial and Corporate Change*, Vol. 7, No. 2, pp. 217-247

第４章

きたおか ろっき（2020）『ジンのすべて』旭屋出版
日本ジン協会（監修）（2019）『ジン大全』G. B.
ブルーム、デイヴ（2019）『CLASSIC KI NO BI COCKTAILS』紫紅社
Bowles, Samuel (2004) *Microeconomics: Behavior, Institutions, and Evolution*, Princeton University Press（塩沢由典・磯谷明徳・植村博恭訳『制度と進化のミクロ経済学』ＮＴＴ出版、２０１３年）

第５章

飽戸 弘・東京ガス都市生活研究所（編）（1992）『食文化の国際比較』日本経済新聞社
ブリザール、ピエール（1982）「文化としての酒について」『比較文化の眼――欧米ジャーナリストによる飲食エッセイ集』ＴＢＳブリタニカ、pp. 27-42

第６章

飯野亮一（2014）『居酒屋の誕生――江戸の呑みだおれ文化』筑摩書房
海野 弘（2009）『酒場の文化史』講談社
岡田 哲（2012）『明治洋食事始め――とんかつの誕生』講談社
加藤英俊（1977）『食生活世相史』柴田書店
神崎宣武（1998）「江戸から明治へ――居酒屋・料理屋の変遷」玉村豊男・TaKaRa 酒文化研究所（編）『酒場の誕生』紀伊國屋書店、pp. 71-86

鴻上尚史（2015）『クール・ジャパン!?――外国人が見たニッポン』講談社
中村芳平（2018）『居酒屋チェーン戦国史』イースト・プレス
橋本健二（2015）『居酒屋の戦後史』祥伝社
モラスキー、マイク（2014）『日本の居酒屋文化――赤提灯の魅力を探る』光文社

第7章

大森寛文（2021）「日本のクラフトビール醸造所による place-based branding の定量的評価」『日本マーケティング学会カンファレンス・プロシーディングス』Vol.10, pp. 157-166

第8章

伊豆英恵（2022）「日本酒と健康」新潟大学日本酒学センター（編）『日本酒学講義』ミネルヴァ書房、pp. 144-161
武井延之（2022）「アルコールと脳」新潟大学日本酒学センター（編）『日本酒学講義』ミネルヴァ書房、pp. 162-180
都留 康（2020）『お酒の経済学――日本酒のグローバル化からサワーの躍進まで』中央公論新社
藤野英人（2020）『ゲコノミクス――巨大市場を開拓せよ！』日経ＢＰ・日本経済新聞出版本部
Lin Y., Kikuchi S., Tamakoshi A.et al.（2005）"Alcohol Consumption and Mortality among Middle-aged and Elderly Japanese Men and Women" *Annals of Epidemiology*, Vol. 15, Issue 8, pp. 590-597
Warrington, Ruby (2018) *Sober Curious: The Blissful Sleep, Greater Focus, Limitless Presence, and Deep Connection Awaiting Us All on the Other Side of Alcohol*, Harper One（永井二菜訳『飲まない生き方 ソバーキュリアス』方丈社、２０２１年）

おわりに

国税庁課税部酒税課・輸出促進室（2022）『酒のしおり』
小林盾（編）（2020）『嗜好品の社会学――統計とインタビューからのアプローチ』東京大学出版会
酒類総合研究所（2007）『うまい酒の科学――造り方から楽しみ方まで、酒好きなら読まずにいられない』SBクリエイティブ
都留康（2018）『製品アーキテクチャと人材マネジメント――中国・韓国との比較からみた日本』岩波書店
渡淳二（編著）（2018）『カラー版ビールの科学――麦芽とホップが生み出す「旨さ」の秘密』講談社
McGovern, Patrick E. (2009) *Uncorking the Past: The Quest for Wine, Beer, and Other Alcoholic Beverages*, Univeristy of California Press（藤原多伽夫訳『酒の起源――最古のワイン、ビール、アルコール飲料を探す旅』白揚社、２０１８年）

【著者】
都留 康（つる つよし）
1954年福岡県生まれ。82年一橋大学大学院経済学研究科博士課程単位取得退学（経済学博士）。同年、一橋大学経済研究所講師。85年同助教授、95年同教授を経て、一橋大学名誉教授。新潟大学日本酒学センター非常勤講師。著書に『労使関係のノンユニオン化――ミクロ的・制度的分析』（東洋経済新報社）、『製品アーキテクチャと人材マネジメント――中国・韓国との比較からみた日本』（岩波書店、第3回 進化経済学会賞受賞）、『お酒の経済学――日本酒のグローバル化からサワーの躍進まで』（中公新書）など多数。

平凡社新書1009

お酒はこれからどうなるか
新規参入者の挑戦から消費の多様化まで

発行日――2022年8月10日　初版第1刷

著者――都留 康

発行者――下中美都

発行所――株式会社平凡社
〒101-0051 東京都千代田区神田神保町3-29
電話 (03) 3230-6580［編集］
(03) 3230-6573［営業］

印刷・製本―図書印刷株式会社

装幀――菊地信義

ISBN978-4-582-86009-2
平凡社ホームページ　https://www.heibonsha.co.jp/